U0359067

# 地方志災異資料叢刊

第二編

28

于春媚　賈貴榮　編

國家圖書館出版社

# 第二十八册目録

(清)王恩溥等修　(清)李樹藩等纂

# 【同治】上饒縣志

清同治十一年(1872)刻本

## 祥異志 人瑞附 恩耆附

至治休徵瑞應踵至視之適然修行日備道隆化洽祥孰加焉厚澤深仁異胥舍旃匪曰舍旃福緜德基跨越前古

俟其禕而志祥異

唐

元和七年夏五月饒撫虔吉信五州暴水

宋

景德四年信州饑

京師圖書館藏書記

大中祥符元年冬十二月甘露降上饒縣

天禧四年冬十一月上饒縣民王壽園中生芝草三本其二

連理以上俱豫章書以上前志

皇祐二年夏六月水破城壞官舍湮民居舊志

建中靖國元年信州旱

紹興二十五年以南安雙蓮花贛州瑞本信州芝草並繪於

旗

隆興四年秋七月饒信水

隆興四年饒信二州建寧府饑民嘯聚遣官措置賑濟宋史

六年夏五月大水

九年夏五月吉饒信水圮民居壞田圩

湻熙十年秋八月信吉二州水

慶元六年饒信大水自庚午至甲戌流民廬害稼

嘉定二年秋八月已巳信州火燔民廬二百家

九年夏五月信州大水以上俱豫章書　以上前志

湻祐十二年壬子大水高於城東北隅無留毀舊志

景定四年癸亥發米三萬石賑衢信饑

咸湻二年丙寅嚴衢婺台處上饒建寧南劍邵武大水遣使

分行賑卹存問除今年田租

德祐元年五月甲午饒信州饑以上俱宋史

元

泰定元年春正月信州上饒饑

元統元年五月信州地震

至元四年六月靈山裂

五年二月雨土以上俱豫章書

至正十一年冬十月信州雨麥綱目以上前志

明

永樂三年大雨溪流暴漲泛濫通衢瀕河之民湮沒無算

十四年大水

宣德八年大水壞公私廬舍數百溪谷易處歲大祲

十六年十月雨麥

二十年九月地震房屋有聲以上舊志

按通志載成化中歲饑上饒饑民搶奪郡以行刦報參政李蕙議止戮其渠

宏治十六年元日昧爽廣信有星流於東北豫章書以上前志

正德二年夏四月不雨至冬十月

四年雨黑子如梧實

五年雨雹大如鵝卵壞廬舍折木殺禽獸禾稼盡傷

六年雨黑麥種之葉如戈戟

八年十一月雨雪三十日溪沼冰花宛如樹形以上舊志

九年八月朔晝晦星見通志前志

十年八月辛卯日食晝晦

十五年四月大雨雹殺飛走拔大木五六月大水壞田廬民以饑殍

十六年元旦昧爽有星流於東北赤光如帶

嘉靖元年五月霪雨其年澇傷無麥禾

八年大水入城湮沒豫備倉及公私廬舍 以上舊志

十四年四月大水 豫章前書志

四十年四月大雹殺菽粟傷牛馬無算

萬歷九年四月大風雹驟雨如注牆屋圮大木斯拔

十七年大饑五月至八月不雨疾疫餓殍交橫於道

十八年大旱冬霪雨菽麥浥萎

十九年秋七月永樂鄉水自大横嶺石罅出瀰漫至楊家店

湮沒民居二十餘家淤塞田疇一百餘畝

三十二年冬十一月初九夜地震聲聞數百里

天啟二年癸亥大水河流沖激浸汨城櫓

崇禎元年戊辰七月十九日大水拔木田廬人畜多湮沒禾稼傷

八年三月初三日冰雹自西北至大如鷄卵五月朔夜暴雨大水自玉山來瀰漫城邑兩日始退鍾靈橋圮

九年丙子五月熊入城止林姓屋上

十二年六月朔閶闔坊火延燒三百餘家 以上舊志

十六年冬十月初九日龍見隨有五彩雲擁護陷橫塘一畝

淵深十餘丈通志

皇清

順治三年丙戌大旱豫章書以上前志

四年丁亥大旱斗米八錢民採山中石粉和米作餅因相傳爲仙粉

十七年庚子縣署後楝產靈芝一本

十八年辛丑夏五月至六月霪雨害稼

康熙二年癸卯三年甲辰四年乙巳五年丙午俱旱舊郡志

六年丁未夏五月霪雨田禾澇傷無籽粒

九年秋七月旱禾盡槁冬積雪深五尺人畜多凍死

十年辛亥夏五月至秋七月不雨蟲食禾稼盡則食木葉民採蕨拾橡以爲食次年春巡撫董衛國首倡捐賑司府廳縣各捐俸有差發常平計捐穀七千六百餘石分賑饑民賴以全活

十一年壬子南北鄉麥秀雙歧

十七年戊午大旱無禾

十八年己未旱歲大祲以上舊志

二十五年丙寅四月二十四至二十七大雨不止河水漲溢

入城深五尺餘居民漂沒無算水災無過於此七邑皆同

巡撫佟康年借省倉南漕二萬石親臨賑濟據貴溪鉛山志增　前志

三十一年壬申夏秋亢旱

四十九年庚寅十一都地震

五十一年壬辰大有年

雍正九年辛亥六月三十日大水萬安橋圮

乾隆四年己未正月十九日南門外火延燒民舍百餘家營

署隙地產靈芝之一本五年六年復產

八年癸亥自正月至五月霪雨不止穀價騰貴知府陳世增知縣汪支麟

發廩平糶又勸諭富民借糶並行民賴以甦

八年十二月西北有星出白氣如練至九年正月中旬始退

舊志

九年甲子夏大旱七月初六夜大水鍾靈橋靈溪橋俱圮 舊志

十六年辛未夏大旱米價六兩 據廣豐志增

十八年癸酉夏五月至九月不雨 據廣豐志增

按廣豐游令惠畢記載乾隆十六十八等年江右東數郡米價騰湧是信屬七邑皆然矣故增入

三十五年至三十七年雨暘時若三載豐登

四十五年夏雨暘時若大有年
五十年夏大風毀東門城樓並考棚前石牌坊
五十五年冬雨木冰毀折園林竹木
六十年夏水入鄉莊廬舍
嘉慶七年自五月十七日得雨至七月初八日始雨是年禾
稼被旱歉收報部蒙
恩緩征
十二年夏微旱秋甘霖疊沛冬得瑞雪
十三年夏五月甘霖疊沛

十四年冬得瑞雪

十七年至十九年雨暘時若

十九年秋天雨黑黍

二十一年冬得瑞雪

二十二年冬得瑞雪

二十五年五月十七日雨至七月始雨

道光元年冬得瑞雪

二年三月廿一日未時邑西坑口鋪自東山嶴至稠川上下數里地震屋瓦俱響約半時許始定夏六月甘霖大沛

三年秋有年以上前志

七年至十三年連歲豐登

十四年四五六月霪雨害稼歲大饑

十五年四月至七月中旬亢旱米價騰貴

十六年至二十九年雨暘時若連歲豐登

三十年歲豐五月彗星見西方至九月始沒

咸豐元年歲豐

二年歲歉

三年至四五年歲大有

六年歲大有七月西北彗星見光芒如槍長丈餘

七年至八年歲大有

九年六月初旬大雨三晝夜谿流暴漲奇形怪狀或類馬或類牛隨波出殁靈北諸山同時土裂石奔水從地出十一十二十三等都壞田廬物產無算駐郡防觀察沈公葆楨委員勘賑斃者給棺貧戶給糧一月

十年二月天雨豆及穀穀黑色粒圓如稗豆稍圓而扁

十一年七月西北彗星見

同治二年微旱冬得瑞雪

三年三月十七日南鄉丁公橋及周村一帶大雨雹瓦裂苗毀冬得瑞雪

四年禾稼豐登冬得瑞雪

五年微旱冬得瑞雪

六年至七年頻得瑞雪連歲豐稔

八年夏月霪雨禾稼歉收冬得瑞雪

九年五月米價斗銀五錢　府憲蔣發廩平糶二十六日薄暮雷雨靈北一帶林屋多損傷八月城内　文昌宮後棟產靈芝之一本冬得瑞雪

十年四月十八日北鄉四七八等都大雨雹傷禾麥裂瓦廿二日裏南鄉上瀘一帶亦大雨雹五月城內　文昌宫後進産靈芝一本十月初二夜分高峯徵雪初四曉霜始降雪先霜後亦一異也

十一年三月初三日風雷雨雹城南一帶田廬多被毀傷七月初六日邑北八十十一等都風雹拔大木鷹武殿前棟圮廬舍亦多損壞十一月桃著花梨實十二月初四日夜半雷鳴初九日後連得瑞雪以上新增

# 【同治】玉山縣志

(清)黄壽祺修　(清)吴華辰、任廷槐纂

清同治十二年(1873)刻本

祥異

祥

宋

湻化二年辛卯十月丁亥信州玉山縣民俞擕八世同居內無

異言詔旌表其閭常税外免其他役澗泉日記

紹熙五年甲寅縣生靈芝朱子講義

明

嘉靖二年癸未夏玉山產瑞麥一莖兩歧三十餘本豫章書

詹泮祖墓生五色芝芝亭集

萬歷十二年甲申信豐招善二鄉產瑞麥唐志

十八年戊子一都五都多瑞麥一莖兩歧三歧者各鄉民採以獻唐志

國朝

康熙五十一年壬辰府屬大有前府志

乾隆二十一年丙子程俊妻王氏一乳三男前志

三十五年庚寅雨暘時若三載豐登李志

四十五年庚子夏大有年仝上

嘉慶七年壬戌李步年八十三五世一堂題給眉壽延慶匾額子鰲貢生亦親見五世前志

嘉慶十七年壬申監生吳士勲年八十五五世一堂題給眉壽延慶匾額及銀緞仝上

道光元年辛巳學使𠂇匾獎徐盤妻陳氏五世延釐仝上

二年壬午大有年　仝上

三年癸未夏縣署生連理芝　吳開讀年一百歲請旌建坊

徐陳氏年百有三歲　吳發昌五世同堂　王應勳妻五世同堂

武次韶靈芝詩有序　予壬午秋滿八覲仍回玉山其次年後圃桃樹生芝幕中櫝石淙姚金詔採以作圖徵詩於合邑諸名士將爲予壽夫予何敢當此方今文廟鼎新靈芝呈瑞必將有賢哲挺生繼端明先生後者予將以壽邑宰者轉壽邑人也綴詩一章　紫陽教澤至今覃司馬風流瑞草含七百年來芝又茁狀元應繼玉山男

道光十四年甲午三十一二都麥穗兩歧是年秋禾稼倍登有刈得穀如大豆者相慶以爲農祥次年春夏東南鄉荒歉多貧糴

運以下新增

道光十六年丙申大有年

咸豐元年辛亥大有年

同治元年壬戌大有年

同治九年庚午大有年

嘉慶癸酉年官宏玉妻陳氏年百有七歲五世同堂

道光間監生顏振圻妻蘇氏年一百歲五世同堂

道光五年鄉飲賓耆民章應鳳年九十歲妻甘氏年八十四歲

五世同堂題給應鳳黃耇繁衍匾額甘氏眉壽延慶匾額

道光七年壽民張可洪年百有一歲請旌建坊

道光八年程學游妻尹氏年一百歲請旌建坊

道光十四年甲午壽民毛上廷年百有三歲知縣劉獎給介眉延慶匾額

道光二十六年鄉飲賓監生王作桂年八十五歲五世同堂題給眉壽延慶匾額

道光二十九年巳酉八都李前鄰妻周氏一產三男家貧甚前鄰旋歿據族鄰呈報知縣姚錫其子名曰福星祿星壽星率僚屬暨紳富獎給佽助有差

道光間何元祝妻朱氏年九十歲五世同堂　王必綴妻年八十九歲五世同堂

咸豐二年例貢生葉錡妻陳氏年八十七歲五世同堂題給眉壽延慶匾額

鍾新樊年九十三歲五世同堂知縣吳獎給期頤碩望匾額

鍾月珍妻陳氏年九十三歲五世同堂　武庠毛鳳颺妻五世同堂

同治十一年壬申壽民許世梅現年百有五歲

嘉慶元年四月分欽奉

恩詔給老民品級二年詳七十以上老民汪大雯等三十二名奉部覆給九品頂戴八十以上老民董上智等五名奉部覆給八品頂戴前志

嘉慶二十五年十一月分欽奉恩詔給老民品級道光二年詳七十以上老民祝元勳等四十二名八十以上老民羅恭等五名均奉司批准咨尚未奉到部覆仝上

按祥瑞志新增各條先豐年重嘉穀也次耆壽及數世同居一產三男著太和也惟道光三十年暨咸豐十一年内

迭次欽奉

恩詔賞賚老民茲查壬午脩志以後各老民檔案或未經詳請或具詳奉駁迄無全卷現據各採訪耆民無從核實未便率登閱者諒焉

異

唐

元和七年壬辰夏五月饒撫虔吉信五州暴水 唐志

宋

景德四年丁未信州饑 豫章書

皇祐二年庚寅夏六月信州水破城没官舍淹民居前通志

建中靖國元年辛巳信州旱豫章書

紹興四年甲寅信州旱通考

九年己未江東西浙東饑斗米千錢信州饑尤甚仝上

隆興元年癸未秋七月饒信水豫章書

乾道二年丙戌饒信二州建寧府饑民嘯聚遣官措置賑濟宋史

四年戊子七月饒信水

五年己丑夏饒信薦饑民多流徙

九年癸巳五月饒信水圯民居壞圩田以上通考

七月縣大旱丁邑宰請陳佛祈雨 夷堅志

湻熙七年庚子信州大旱

十年癸卯五月信州水

紹熙四年癸丑信州旱 以上通考

五年甲寅信州水 豫章書

慶元六年庚申五月信州大水漂民廬害稼

嘉定九年丙子五月信饒大水漂民廬害稼

玉山縣羊生駢角

十年丁丑台衢婺饒信州饑民多聚爲剽盜 以上通考

淳祐十二年壬子信州饑豫章書

六月癸亥發米三萬石賑衢信饑宋史

德祐元年乙亥五月饒信州饑仝上

元

元統元年甲戌六月信州地震豫章書

至元五年巳卯二月信州雨土仝上

至正十一年辛卯十月饒信等路雨粟綱目

明

永樂三年乙酉廣信大水豫章書

四年丙戌廣信大水暴漲瀕河之民遭决没者甚衆前通志

六年戊子秋六月七月疫明史

十四年丙申七月廣信饒州衢州溪水暴漲壞城垣房舍溺死人畜甚衆仝上

宣德八年癸丑廣信大水前通志

景泰五年甲戌春二月廣信大雨雪四十餘日

宏治十四年辛酉冬十月廣信雨麥

十六年癸亥元日昧爽廣信有星流於東北以上豫章書

正德三年戊辰夏四月不雨至冬十月前通志

四年己巳廣信雨黑子如梧實仝上

六年辛未廣信雨黑麥豫章書

七年壬申廣信雨黑子人試種之出葉如戈戟前通志

九月壬午玉山火燔學舍及民居三百餘家明史

按學校志止載奎星樓火前志

九年甲戌八月朔廣信晝晦星見前通志

十六年辛巳六月初九玉山山水暴漲漂没田廬有舉家被溺者仝上

嘉靖元年壬午廣信霪雨豫章書

八年己丑五月天苦雨溪水氾入城高丈餘歲大祲 唐志

十四年乙未四月大水 豫章書

四十年辛酉夏雷擊武安塔童謡云雷擊武安尖人頭去幾千

七月果有袁三之變 唐志

萬歷二年甲戌大旱地赤數百里禾麥枯 仝上

十七年己丑大旱重以疫歲大災荒 仝上

三十二年甲辰冬十一月初九地震聲聞數百里 前府志

崇禎八年乙亥五月霪雨水暴漲高丈餘潰城漂沒内外官私

廬舍人民無算西濟石龍寶慶玉虹等橋及新安隄萬栁石壩

一時盡圯是日二鼓雨止微月出城上望河中如有物挾兩炬蜿蜒至俄而黄谷山陷一竅煙出微腥有物破殿角旁屋入河城中西湖亦有光怪物破雷姓巨宅及數十家陷城五六丈出與河内兩炬合而逝其後小燈隱躍從之者凡數十李志

九年丙子五月十二日巳刻城内外及四鄉訛傳有兵馬數千百如僧徒者一時老幼逃竄兒女物件委棄道路無算至未刻始定六七月旱斗米千錢前府志

十六年癸未冬十月初九日龍見前通志

國朝

順治三年丙戌大旱豫章書

四年丁亥大旱米價至八兩一石民採山中石粉作餅因相傳爲仙粉前府志

康熙二年癸卯三年甲辰四年乙巳五年丙午俱旱仝上

六年丁未五月霪雨浹旬水淹田廬李志

十年辛亥夏五月至秋七月不雨民大饑次年春巡撫董衛國首倡捐賑司道以下各捐俸有差計捐穀七千六百餘石復發常平倉分賑民賴以活仝上

二十五年丙寅四月大雨居民漂沒無算七邑皆同巡撫佟康

年借省倉南漕二萬石親臨賑濟仝上

乾隆八年癸亥霪雨害稼歲大歉七邑穀價騰踊饑民掘土採竹實以爲食前府志

十六年辛未夏大旱石米四兩邑人王似山賑米一千八百石畢璋平糶粟數千石採李志

十八年癸酉夏五月至九月不雨李志

三十年乙酉夏四五月饑斗米錢三百士民李仲良鄭起江符達吳欽隆陳嵩潘體乾吳盛鶴邱文成吳文仲邱聚萬捐貲減價平糶仝上

五十三年戊申夏五月大水自東城衝出西城各圮數十丈壞民居 以下前志

六十年乙卯夏四月大水玉虹橋圮

嘉慶七年壬戌夏五六七月不雨米價斗錢五百民情鼎沸署縣玉田李公大謨悉心籌畫計請發常平倉牒下必需經月先諭市店有米罄賣隨勸捐買浙米設局城隍廟平糶牒下發倉穀接濟賴以安謐紳士吳廷棟淩廷琦李步李益謙蕭樹勳姚國珍符學魁林君榮胡懷山聶克河李曰臺任重謝士隆周耀蘭詹體和詹體儉劉建三景和店鼎昌店祚泰店兆全店羅良

玉孫章黄宏獻振艾勝標周耀芳吳升恒吳勛臣共助賑銀一千五百餘兩

十九年甲戌二月大成門火

二十二年丁丑文昌閣火

道光十四年甲午旱東南鄉尤劇次年乙未春夏饑知縣南皮劉公有慶集紳富會商先發義倉儲穀碾米設局尊經閣平糶僉舉紳士蕭溥智王允聰梁以勝曾大魁凌飛鳳周德聲姚文典周廷珠等司其事各踴躍捐貲馳赴河口鎮採運接濟中間遇靈溪奸民截搶米船並傷差役公怒星夜禀府會營大剿得

奸首置諸法自是河道肅清隨通稟大府咨會浙省合修玉常大路令民得以力食邑賴安謐以下新增

道光三十年庚戌咸豐元年辛亥之交翠竹生花漸次林如渥丹普甯寺修篁萬竿及附郭數里而遥一二年内焦枯殆盡

咸豐五年乙卯三月十四亥刻西鄉雨雹大者如雞卵或如鵞卵過處屋無完瓦民居無樓者蹲伏牀棹下以免棲鳥盡斃菜麥歉收

是月二十日巳刻民間訛言賊至城鄉皆同居民逃竄什物委棄三板船奸民乘機入市搶刼署縣閩汀張公鳴岐會營立出

捕得其魁立正典刑邑始安堵越三日髮逆犯郡

咸豐九年己未六月初八日治西靈江湖水溢先是初一日起連朝霪雨至初八日巳刻大雨如注諸山有倏裂數丈或數十丈者異地同時裂處水涌出冲沒塚柩無算頃刻間平原漲高丈許居民猝驚惶踰屋以避瀕河不及避者半逐漂流田廬多被衝沒有李某新搆磚庫大屋三進被衝去片瓦隻椽無存又其竹山倏移置田中如故俄有物狀類烏犍逐流而逝過處兩岸坍塌水旋退傍河百數十里村民不舉炊者數日時沈中丞葆楨以巡道駐防信郡壽祺承乏府經歷奉委履勘泝災源自

上饒北界至興安之黃土嶺還復沿河出坊頭至靈溪口勘明各被災情形慘極會同紳士張邦祿周雲章等據情禀覆沈憲捐俸賑邺有差

同治六年丁卯四月雷震文光門城樓

七年戊辰三月二十七日亥刻大風雨雹壞官舍民居

按春秋志異不志祥重脩省也自來雨暘愆期雖極盛之世不免一鄉一縣災不虛生願與邑人士共誌警焉

(清)陳喬樅等纂修

# 【咸豐】弋陽縣志

清咸豐元年(1851)刻本

## 祥異

### 漢

永元十一年豫章餘干得白鹿高丈九尺古今注

按此時弋未建縣地屬餘干故例得紀自析縣後則不復登載餘干事

### 唐

按前志據豫章書載元和七年夏五月暴水又通志十五年秋水係統紀全郡例入府志爲附識於此

### 宋

按前志據豫章書載景德四年飢建中靖國元年旱

隆興四年秋七月水宋史是年饑民嘯聚遣官措置賑濟六年夏五月大水九年夏五月水圮民田舍淳熙十年秋八月水慶元六年大水害稼漂民廬嘉定九年夏五月大水德祐元年五月饑又據宋史景定四年發米賑饑繫以信州例入府志通志又據林志載皇祐二年夏六月水淹沒官舍民居據安志載紹興二十七年大水據豫章書載紹興四年自夏及秋水五年又水淳熙十二年饑均統紀全郡是弋陽亦在其內附識於此

元

按前志據豫章書載元元統元年五月地震至元五

年雨土係統紀全郡例入府志又據續通鑑綱目載至元十一年冬十月信州雨麥攷通志係至正非至元雨黍非雨麥恐前志誤竝爲附識於此

明

正德二年夏四月不雨至冬十月通志

正德九年八月日食晝晦雞鶩皆歸陶志按陶志下有占前志沿陳志誤作正統歸字譚陳志作啼

嘉靖元年五月霪雨大水入城衢巷行舟民居盡沒陶志

六年九月火起自東隅延至西隅燬儒學按察分司及民舍二千餘家陶志

十四年四月大水陶志

二十三年旱大傷禾稼次年復然陶志

二十九年西隅火延燒至城隍廟燬民舍數百家

四十四年三四月霪雨蛟出水湧平地數尺漂沒田廬陶志

萬歷三年夏大饑陶志

五年四月大水河溢浸城至儀門天雨黑子狀類蕎麥各鄉皆有之

八年麥秀兩歧陶志

十五年五月霪雨大水灌城米價頓漲知縣呂應詔發豫備倉賑濟民賴以活陶志

三十四年十一月初九夜地震屋爲之傾

按各舊志俱載三十四年前志作三十二二字似誤

三十七年五月連雨大水至儀門陶志

三十八年正月南門館驛火延燒至西門四牌樓北隅高井共一千七百餘家陶志

四十八年三月初六夜大雹如石屋瓦俱穿陶志

天啟三年四月大水舟遊城堞沿河居民漂沒殆盡陶志

崇正五年兩月不雨疫厲大作六月二十四日訛傳寇至白晝閉城人民驚竄踰時方定十月二十五日天雨黑麥陶志

九年正月十六日火延燒三市是年大無麥禾人民饑饉天降白土爲食陶志

十三年夏大旱晚禾盡萎知縣王萬祚步禱於仙姑壇獲

甘霖稻得半收陶志

十七年十月初九日龍見有五彩祥雲擁護陷橫塘一畝

闊深十餘丈府志

按各舊志通志均載十七年前志誤作十六通志只

注府志未著其爲弋陽茲據各舊志編入又舊志載

嘉靖三十四年彗燭北斗萬歷十年彗出奎婁月餘

崇正十七年五月太白晝見此非一邑之異故從前

志乙之通志又據豫章書載永樂三年大水暴漲瀕

河民決沒甚衆十四年大水景泰五年春二月大雨

雪四十餘日宏治十四年冬十月雨麥十六年元日

昧爽有星流於東北正德三年自四月不雨至於十月四年雨黑子如梧實自四月至冬不雨六年雨黑麥七年雨黑子人試種之出葉如戈戟八年十一月溪沼冰花如樹形九月八月晝晦星見十五年夏四月大風雨雹拔大木壞廬舍五月又大水嘉靖元年六月大風拔木八年大水據安志載宣德八年大水均統紀全郡是弋陽亦在其內前志失載附識於此

國朝

順治三年丙戌大旱豫章書

四年丁亥大旱米價石八兩民採山中石粉和米作餅因相傳爲仙粉陶志

十五年戊戌四月有黑熊攀樹長丈餘額中白毛一線前足類虎爪後如人腳陶志

十六年己亥夏久不雨至於七月歲大饑陶志

十八年辛丑夏五月至六月霪雨害稼陶志

康熙元年壬寅二年癸卯三年甲辰四年乙巳五年丙午俱旱陶志

六年丁未五月霪雨浹旬水淹田廬歲大饑陶志

九年庚戌十二月二十五日雪深五尺陰凍踰月陶志

十年辛亥夏五月至秋七月不雨苗槁民採蕨拾橡以食巡撫董衛國首倡捐賑司府廳縣各捐俸有差發常平倉分賑饑民賴以全活陶志

十二年癸丑城隍廟火陶志

十三年甲寅閩賊黃倘志屯據龜峯大殿鐘忽自鳴三日不止倘志懼移屯餘干授首陶志

十九年庚申三月大水衝城夏旱蝗生陶志

二十年辛酉大水譚志

二十二年癸亥夏旱知縣譚瑄禱於北鄉仙潭得雨譚志

二十三年甲子夏大旱知縣譚瑄步禱如前得雨陳志

二十五年丙寅四月二十四日至二十七日大雨不止河水漲溢入城深五尺餘居民漂沒無算巡撫佟康年借省倉南漕二萬石親臨賑濟前志

五十三年甲午夏六月大水害稼陳志

五十五年丙申城中火延燒千餘家陳志

六十年辛丑五月至八月不雨民大饑陳志

乾隆八年癸亥夏饑遍山苦竹金竹二種開花結實形如穀米味甘色青微帶香氣居民採之爲食賴以全活竹毋旋枯踰年始漸生陳志

十六年辛未夏大旱米石價六兩前志

十八年癸酉五月至九月不雨前志

三十五年至三十七年雨暘時若三載豐登前志

四十五年夏雨暘時若大有年前志

五十七年壬子秋七月大水連漲七次西溪橋鷹嘴石俱衝圮

嘉慶七年壬戌旱蒙
恩緩徵錢糧
十六年彗星見其年自十二月廿四日大雪至次年正月
初一日止深約丈餘
道光元年歲稔
五年八月彗星見
九年六月日將暝有星大如箕自西南流於東北砉然有
聲
十三年五月大水七晝夜沿河田廬漂沒無數自是月十
六日至十月二十六日不雨晚種無收
十四年四五月大水害稼米價每石錢捌千文十二月雪

深六尺雷鳴

十五年大饑三十都三十一都三十二都上下三十三都七八月間蝻生遍野癘疫死者不可數計自秋至冬食鹽缺販斤值錢百貳拾文每戶僅得買肆兩

十六年二三月蝻復生民心洶洶 按察使陳繼昌飭邑侯呂上沅募饑民捕蝻量給工食一時賴以甦活者甚衆四五月大水

十七年上三十九都梟背嶺紙厰平地涌血尺餘

十八年十二月除夕雷鳴

二十一年三月下一都十甲胡楷孫天元一產三男楷孝友端方詩書訓後人以爲德報云

二十一年十一月郎山竹筍出土長三尺餘

二十三年春日甫暝有白氣一道長十餘丈自西指東四十餘日

二十五年至二十七年三載豐登

二十八年六月水九月又水

# 【同治】弋陽縣志

（清）俞致中修　（清）汪炳熊等纂

清同治十年（1871）刻本

## 祥異

### 漢

永元十一年豫章餘干得白鹿高丈九尺古今注

按此時弋未建縣地屬餘干故例得紀自析縣後則不復登載餘干事

### 唐

按前志據豫章書載元和七年夏五月暴水又通志十五年秋水係統紀全郡例入府志爲附識於此

### 宋

按前志據豫章書載景德四年饑建中靖國元年旱

隆興四年秋七月水宋史是年饑民嘯聚遣官措置

賑濟六年夏五月大水九年夏五月水圯民田舍淳
熙十年秋八月水慶元六年大水害稼漂民廬嘉定
九年夏五月大水德祐元年五月饑又據宋史景定
四年發米賑饑繫以信州例入府志通志又據林志
載皇祐二年夏六月水淹沒官舍民居據安志載紹
興二十七年大水據豫章書載紹興四年自夏及秋
水五年又水淳熙十二年饑均統紀全郡是弋陽亦
在其內附識於此

元

按前志據豫章書載元元統元年五月地震至元五
年雨土係統紀全郡例入府志又據續通鑑綱目載
至元十一年冬十月信州雨麥考通志係至正非至

元雨黍非雨麥恐前志誤茲爲附識於此

明

正德二年夏四月不雨至冬十月通志

正德九年八月日食晝晦雞鶩皆歸陶志

按陶志下有占前志沿陳志誤作正統歸字譚陳志作啼

嘉靖元年五月霪雨大水入城衢巷行舟民居盡沒陶志

六年九月火起自東隅延至西隅燬儒學按察分司及民舍二千餘家陶志

十四年四月大水陶志

二十三年旱大傷禾稼次年復然陶志

二十九年西隅火延燒至城隍廟燬民舍數百家

四十四年三四月霪雨蝝出水湧平地數尺漂沒田廬陶志

萬歷三年夏大饑陶志

五年四月大水河溢浸城至儀門天雨黑子狀類蕎麥各鄉皆有之

八年麥秀兩歧陶志

十五年五月霪雨大水灌城米價頓漲知縣呂應詔發豫備倉賑濟民賴以活陶志

三十四年十一月初九夜地震屋爲之傾

按各舊志俱載三十四年前志作三十二字似誤

三十七年五月連雨大水至儀門陶志

三十八年正月南門館驛火延燒至西門四牌樓北隅高井共一千七百餘家陶志

四十八年三月初六夜大雹如石屋瓦俱穿陶志

天啟三年四月大水舟遊城垛沿河居民漂沒殆盡陶志

崇正五年兩月不雨疫癘大作六月二十四日訛傳寇至白晝閉城人民驚竄踰時方定十月二十五日天雨黑麥陶志

九年正月十六日火延燒三市是年大無麥禾人民饑饉天降白土爲食陶志

十三年夏大旱晚禾盡萎知縣王萬祚步禱於仙姑壇獲甘霖稻得半收陶志

十七年十月初九日龍見有五彩祥雲擁護陷橫塘一畝闊深十餘丈府志

按各舊志通志均載十七年前志誤作十六通志只

涯府志未著其爲弋陽玆據各舊志編入又舊志載嘉靖三十四年慧燭北斗萬歷十年慧出奎婁月餘崇正十七年五月太白晝見此非一邑之異故從前志乙之通志又據豫章書載永樂三年大水暴漲瀕河民決沒甚衆十四年大水景泰五年春二月大雨雪四十餘日宏治十四年冬十月兩麥十六年元日昧爽有星流於東北正德三年自四月不雨至於十月四年雨黑子如梧實自四月至冬冬不雨六年雨黑麥七年雨黑子人試種之出葉如戈戟八年十一月溪沼冰花如樹形九月八月晝晦星見十五年夏四月大風雨雹拔大木壞廬舍五月又大水嘉靖元年六月大風拔木八年大水據安志載宣德八年大水

均統紀全郡是弋陽亦在其內前志失載附識於此

國朝

順治三年丙戌大旱豫章書

四年丁亥大旱米價石八兩民採山中石粉和米作餅因相傳爲仙粉陶志

十五年戊戌四月有黑熊攀樹長丈餘額中白毛一線前足類虎爪後如人腳陶志

十六年己亥夏久不雨至於七月歲大饑陶志

十八年辛丑夏五月至六月霪雨害稼陶志

康熙元年壬寅二年癸卯三年甲辰四年乙巳五年丙午俱旱陶志

六年丁未五月霪雨浹旬水淹田廬歲大饑陶志

九年庚戌十二月二十五日雪深五尺陰凍踰月陶志

十年辛亥夏五月至秋七月不雨苗槁民採蕨拾橡以食

巡撫董衛國首倡捐賑司府廳縣各捐俸有差發常平

倉分賑饑民賴以全活陶志

十二年癸丑城隍廟火陶志

十三年甲寅閩賊黄尚志屯據龜峯大殿鐘忽自鳴三日

不止尚志懼移屯餘干授首陶志

十九年庚申三月大水衝城夏旱蝗生陶志

二十年辛酉大水譚志

二十二年癸亥夏旱知縣譚瑄禱於北鄉仙潭得雨譚志

二十三年甲子夏大旱知縣譚瑄步禱如前得雨陳志

二十五年丙寅四月二十四日至二十七日大雨不止河

水漲溢入城深五尺餘居民漂沒無算巡撫佟康年借省倉南漕二萬石親臨賑濟前志

五十三年甲午夏六月大水害稼陳志

五十五年丙申城中火延燒千餘家陳志

六十年辛丑五月至八月不雨民大饑陳志

乾隆八年癸亥夏饑遍山苦竹金竹二種開花結實形如穀米味甘色青微帶香氣居民採之爲食賴以全活竹母旋枯踰年始漸生陳志

十六年辛未夏大旱米石價六兩前志

十八年癸酉五月至九月不雨前志

三十五年至三十七年雨暘時若三載豐登前志

四十五年夏雨暘時若大有年前志

五十七年壬子秋七月大水連漲七次西溪橋鷹嘴石俱
衝
嘉慶七年壬戌旱蒙
恩緩徵錢糧
十六年慧星見其年自十二月廿四日大雪至次年正月
初一日止深約丈餘
道光元年歲稔
五年八月慧星見
九年六月日將暝有星大如箕自西南流於東北砉然有
聲
十三年五月大水七晝夜沿河田廬漂没無數自是月十
六日至十月二十六日不雨晚種無收

十四年四五月大水害稼米價每石錢捌千文十二月雪
深六尺雷鳴
十五年大饑三十都三十一都三十二都上下三十三都
七八月間蝻生遍野癘疫死者不可數計自秋至冬食
鹽鈌販斤值錢百貳拾文每戶僅得買四兩
十六年二三月蝻復生民心洶洶　按察使陳繼昌飭邑
侯呂上沅募饑民捕蝻量給工食一時賴以甦活者甚
衆四五月大水
十七年上三十九都梟背嶺紙厰平地湧血尺餘
十八年十二月除夕雷鳴
二十一年三月下一都十甲胡楷孫天元一産三男楷孝
友端方詩書訓後人以爲德報云

二十一年十一月朗山竹筍出土長三尺餘

二十三年春日甫暝有白氣一道長十餘丈自西指東四十餘日

二十五年至二十七年三載豐登

二十八年六月水九月又水以上俱前志

道光十五年裏東流尸地方自正月至十一月不雨蝗生大饑民掘觀音土食之補前志未錄

二十八年七月有白氣見於西南長數十丈如匹練狀越旬日始沒

三十年正月朔日有食之

咸豐二年有星直如箭光芒遠射

三年癸丑裏東南自五月起九十餘日皆雨不見天日六

月收割之穀炒焦入舂未割者盡發芽四年春米價昂
升米六十文足
三年秋裏東南竹生米柯樹生梨子可食桃復開花
五年乙卯三月朔雷電轟烈狂風拔木初四日髮逆楊秀
清由德興率大股入城
六年丙辰四月熒惑逆行入太微
八年戊午正月十八雨雹大如雞卵人畜災
九年己未冬十一月三十日冬至午未未初時西北角日
下有古錢式樣淡紅色踰時方沒
十年庚申夏五月慧星見出軒轅長二尺許十餘日乃滅
裏南二十七都散坑張儒宗家牛生三足犢秋七月裏
東天雨黍

十一年辛酉五月慧星見初出芒長數寸六月芒長數丈至七月初十日沒六月十七日裏南二十八都蔣坊鄒連生家廳堂忽然漏血高尺餘以器覆之止提其器出如故觀者甚衆是夜花旗賊賴由貴溪板橋入境冬十月裏南瘟疫狂風拔木十二月間堅冰成路松栢枯

同治元年西鄉黃獅山産連理芝數本夏五月南鄉霪雨十日湖田成洲峻嶺皆裂七月慧星見長尺許凡二十餘日乃滅

三年甲子正月大雪十餘日竹木壓折不計其數鳥獸餓死樹皆冰

七年五月十九日山水暴注漂沒田廬橋梁盡圮西北鄉均苦之歸仁鄉被災更慘甚邑侯譚蹈勘憫之

八年七月朔黃雲見

# 【同治】貴溪縣志

（清）楊長傑等修　（清）黄聯珏等纂

清同治十年（1871）刻本

祥異

明

宏治八年乙卯縣廳柱產靈芝知縣姚明有一縣仁心黎既悅滿堂和氣瑞芝生句

嘉靖元年壬午文廟柱上產芝數本有雲氣護之前志載秋鄉試楊育秀等十二人獲雋按是科中式楊係禮記魁畢竟恭名次在後前志以畢寇誤

四十三年甲子儒學廳前東邊桂樹產芝

國朝

康熙五十一年壬辰大有年

雍正八年庚戌大有年

乾隆六年辛酉大有年

三十五年至三十七年雨暘時若三載豐登

四十五年夏雨暘時若大有年（以上俱舊志）

道光十二年壬辰文廟桂產芝三本（是年秋闈劉師火黄金治姚熙績獲雋增）

唐

元和七年夏五月饒撫虔吉信五州暴水

宋

景德四年信州饑

建中靖國元年信州旱

隆興四年秋七月信州水（以上俱豫章書）

隆興四年以饒信二州建甯府饑民嘯聚遣官措置賑濟

宋史

六年夏五月大水豫章書

九年夏五月信州水圮民居壞田圩

淳熙十年秋八月信州水

慶元六年信州大水自庚午至甲戌毀廬害稼

嘉定元年夏五月信州大水以上俱豫章書

景定四年癸亥發米三萬石賑衢信饑宋史

德祐元年五月甲午信州饑宋史

元

元統元年五月信州地震

至元五年信州雨土 以上俱豫章書

十一年十月貴溪雨黍民取食之 綱目

明

永樂三年乙酉大雨溪流暴漲泛濫通衢浮苴棲於木末瀕河之民湮没者無算 舊郡志

九年辛卯螟蝗害稼 知縣藍森禱于鳴山蝗滅 舊志

十四年丙申秋七月大水公私廬舍漂蕩殆盡 舊志

宣德八年癸丑大水壞廬舍溪谷易處歲大祲 舊志

景泰六年乙亥荒旱荐饑 知府姚堂躬蒞貴溪勸大姓出所積以助賑 據象山書院記補

成化十八年壬寅水暴漲入城浸縣治壞民居數百 溺死

無算俱舊志

十一年戊午三月雨雹形如馬頭鄉北橫十里縱六七十里居民屋樹鳥獸俱傷

十四年辛酉十月雨麥以上俱舊志

十六年元旦昧爽廣信有星流于東北豫章書

十八年乙丑九月十三日夜地震居民房屋皆有聲郡志

正德二年夏四月不雨至冬十月通志

九年甲午八月朔晝晦星見雞犬驚鳴通志

十三年戊寅大水知縣范永鑾親歷各處勘澇是年義井水溢如沸釀而後止舊志

十六年元日昧爽有星流于東北赤光如帶横亘不滅者久之舊郡志

嘉靖元年壬午年五月霪雨連漲比成化壬寅水高五尺其年仍澇傷無黍禾舊郡志

十年辛卯大饑斗米銀數錢

十九年庚子大饑民掘草根樹皮以食至今父老語荒年必稱庚子

四十二年癸亥春明倫堂火

四十五年乙丑大饑

隆慶三年己巳大饑

萬歷三年乙亥大饑

五年丁丑九月晦日入時赤氣障天西邊有一星奮光如月彗長數百丈指東南

十年壬午七月朔日食既星見雞犬皆宿

十六年戊子饑疫穀貴與庚子歲同

十七年己丑春大疫死者相枕籍至不相收夏五月不雨至秋八月歲大饑

十九年辛卯六月潭灣水湧至儒學門內一連三次自戊子至辛卯饑疫四年

三十一年癸卯秋七月朔風雹異常拔木隕穀壞西門城樓儒學前牌坊二五里牌牌坊一

三十二年甲辰冬十一月初九日戌時地震居民房屋有聲如倒塌聞於數百里

三十七年己酉夏五月溪水暴漲郷南冲沒五百七十餘家溺死人無算又沙石衝堰田六千三百八十餘畝知縣錢邦偉單騎至各都踏勘施棺掩骨賑受災之民復勸開懇陞報三年後舊、

四十一年癸丑八月朔日寅時地震有聲

四十七年六月彗星出東方形如刀戟申出戌沒

天啓二年癸亥大水河流冲激汨至城櫓以上俱舊志

崇禎九年丙子歲大饑郷北居民廖汝貴等糾衆搶奪郷南附近饑民千餘真人張顯庸計口周之舊志

國朝

順治三年丙戌大旱夏五月至秋七月不雨

四年丁亥大饑三月嚴霜大降三日麥菜盡無斗米一兩殍殣滿道

康熙九年庚戌冬十二月積雪浹旬厚深五尺人畜多凍死

十年辛亥大饑撫憲題准捐免錢糧十分之三仍請賑濟銀米本府大守高親詣分給民沾實惠賴以存活

十七年戊午大旱自夏迄秋雨澤不降禾稻無收

十八年已未旱歲大祲

二十五年丙寅四月二十四至二十七大雨不止大河漲溢水冒入城深五尺餘居民漂沒無算南城盡圮巡撫佟康年借省倉南漕二萬石親臨賑濟

三十八年己卯五月二十八大水傷沿河禾稼以上俱舊志

四十一年癸未秋旱次年甲申米價陡貴饑號載道

四十九年庚寅閏七月二十二日微雨上清羅塘二溪蛟雨暴漲數丈漂沒民居羅塘尤甚

五十九年辛丑大旱自五月至八月不雨晚禾盡槁米價騰貴

雍正六年戊申夏秋旱

十一年癸丑秋鄉南大疫

乾隆五年庚申（前志誤作巳未）秋七月牛疫冬愈甚次年春乃漸息

七年壬戌秋晚穡盡白

八年癸亥春穀價騰涌民採草根掘白土爲食（知縣彭之銳多方籌濟並勸諭富戶出糶詳請上憲給匾獎勵是年他處多有饑民搶奪者惟貴溪境內帖然其冬彗星出東方）

九年甲子夏旱秋大水

十一年丙寅正月大雪樟木橙柚盡凍折

十二年丁卯大雨四日河漲水入城及市街米大貴（以上俱舊志）

十四年己巳四月初二南鄉大雨昌平至上清高數丈溺死男女無數知縣華西植踏勘賑濟見朱雲駿記

附朱雲駿記　乾隆十四年己巳夏四月貴溪西南境水溢自昌平至上清鎮漫衍及安仁界周環百餘里溺死男女若干口漂壞田廬器物無算時邑令華公適赴省得報具狀白上憲星夜旋邑出舍上清發帑經畫親唁被災者覈實發賑不少稽死者佐其殮費所壞田覗其尚可耕植者給以貲淪於淵者注籍請蠲租賦屋廬漂沒者有給公於時焦心勞思日夜不遑寧止家至戶給吏絕中飽得免於溝瘠其不幸淺甚死者掩埋有貲不至暴露公之德爲莫大乃次其顛末俾凡長民者脫不幸而遇災沴得推行焉

十二年冬牛疫

十六年辛未夏大旱米價六兩

十八年癸酉夏五月至九月不雨以上俱據廣豐志舊志

按廣豐游令惠里記載乾隆十六十八等年江右東數郡米價騰涌是信屬七邑皆然矣故增入以上俱舊志

三十年乙酉大饑斗米足錢三百文舊志

嘉慶十八年癸酉六月初二日傾盆大雨逾時不止山水陡發洪濤巨浸由瀘閩界直達上清而下衝坍田畝漂沒廬舍而魚塘地方爲尤甚有闔家男婦大小淹斃者舊志

道光十三年癸巳夏大水以下增異

十五年乙未三月至七月不雨旱稻無收夏大疫秋螟蝗害稼

十六年丙申大饑穀價騰貴民磨糠採草掘白土爲食餓

孛灘路

三十年彗星見西坊自五月至九月止

咸豐元年辛亥桃李秋華

三年癸丑秋大疫

四年甲寅三月大雷雨鄉北山中及田内地陷三處夏穀價騰貴

六年丙辰七月西北彗星見光芒如槍長丈餘

七年丁巳六月初四日江滸山一帶自四更大雨傾注至寅刻山水驟發沿河橋梁民房俱被衝倒禾稼畜產漂沒無算天將明時見有巨蛇破浪而去

八年戊午秋七月彗星見西方十餘日是年大疫
九年己未正月廿七日雨雹大如雞卵横三十里縱二十
里民屋瓦損魚鳥皆傷秋大疫
十年庚申十月初一日江滸山一帶地震屋瓦皆有聲移
時始息
十一年辛酉七月西北彗星見十二月廿九日大雪至同
治元年正月十三日始霽池塘氷結厚三四尺樟木橙柚
之屬多凍折
同治元年壬戌十月初二日晚地震居民金鐵瓦器皆有
聲

二年癸亥米價騰貴斗米千文

三年甲子正月十二三四連日雨雪雷大震秋疫

七年戊辰五月大水沿河廬舍漂蕩無數石壁源之水湧

自山中泥石紛下民田有被土掩者

八年己巳四月大水

九年庚午二月十七日十都一帶大雨雹屋瓦多碎麥苗

盡傷二月廿六日河潭埠雨雹大如鷄卵八月初九日戌

刻朱坑及雙圳等處大雨傾注沿河田地橋梁盡行傾圮

花橋市壞貨船十餘隻淹斃船夫居民十餘人黑浪中遥

見雙睛如炷人以爲蛇怪云

# 【同治】鉛山縣志

（清）張廷珩修　（清）華祝三纂

清同治十二年（1873）刻本

祥異

唐元和七年夏五月饒撫虔吉信五州暴水豫章書

宋景德四年信州饑豫章書　景祐二年夏六月洪水破城沒官舍漂民居本通志　建中靖國元年信州旱豫章書

隆興四年以饒信二州建甯府饑民嘯聚遣官措置賑

濟宋史　六年五月大水豫章書　九年夏五月吉饒信水
圮民居壞田壖　乾道四年大水饑民多流移俱舊志
六年春旱至冬不雨大饑明年人食草實　淳熙十年
秋八月信吉二州水　慶元六年饒信大水自庚午至
甲戌流民廬害稼以上俱豫章書　嘉定九年夏五年信饒大
水舊志　淳祐五年蟲食禾穗及松竹葉舊志　十二年大
水高於城東北隅一帶幾無留壁宋史　景定四年發米
三萬石賑衢信饑宋史　德祐元年五月饒信州饑宋史
元至正元年冬溫舊志　五年二月信州雨土豫章書　大德
元年夏五月大雨舟行樹杪舊志　延祐二年夏大雨瀰

月城郭居民漂沒大半舊志　至治三年春浹月大水夏大旱知州林興祖虔禱大雨三日冬螟食麥舊志　元統元年五月信州地震豫章書　至正十一年冬十月信州雨麥綱目　二十九年冬草木花舊志　三十年蟲起盡食竹木舊志

明洪武二年夏霪雨四月至六月舊志　永樂二年夏五月暴風發屋折木　三年春大雨積潦歲大饑斗米三錢典史孫珏請發賑濟　十四年秋七月大水決黃柏橋復決城西演武塲　景泰五年春大雨雪四十餘日平地深數尺積封山谷民絕樵蘇多餓殍　宏治十年夏

五月地震　十四年冬十月雨麥　正德二年夏旱四
月不雨至於十月　四年雨黑子大旱知縣朱輅以不
職劾縣丞姬鯤擢知縣設警備料丁壯每丁給穀五斗
賑之三閏月賑穀二千三百有奇　六年夏雨黑黍種
之葉如戈戟　九年秋八月辛卯晝晦以上俱舊志　嘉靖
元年廣信霧雨豫章書　十四年四月大水豫章書　萬歷
三年夏晝晦冥如夜移時乃復舊志　十七年大疫餓殍
橫道　十九年辛卯秋七月十九日夜大雨山溪瀑漲
勢若滔天傍溪田地盡爲漂沒六堡上港洲大溪壅塞
水衝八九都五堡界而下　二十年四月二十八日大

雨水漲傍溪港洲徒家陂纍上田盡爲漂没六月嘗午落雪雹如彈子大七月初一日石壠山水發浸至城堞大義橋衝倒漂没人家甚多港東一路桑田盡滄海自古來水災莫甚於此地震一次火燒水北橋鐘樓 二十九年大雨十日驀水石溪汭川膽井並溢九陽山下二龍飛起雷電交作鰍鱔鰕鲐之屬半空隕落 三十二年冬十一月初九地震 四十二年河口雨赤水四十三年西關火以上舊志 四十四年河口人初鑿九陽山邑人公禁永不許鑿以九陽山即九獅山係河口對山横攔府河大水可保水患故不可鑿輯舊志

國朝

順治三年丙戌大旱豫章書　四年丁亥大旱斗米八錢民採山中石粉和米作餅因相傳爲仙粉舊志

康熙三年甲辰四年乙巳俱旱舊郡志　十年辛亥夏五月至秋七月不雨蟲食稼盡轉食木葉民採蕨拾橡以爲食次年春巡撫董衛國首倡捐賑司府廳縣各捐俸有差發常平倉分賑饑民賴以全活舊志　二十年辛酉春大疫撫軍安入告停徵三月　二十五年丙寅閏四月洪水泛漲沿河居民漂溺無數撫軍佟康年借省倉南漕二萬石親臨賑濟　四十年辛巳秋七月二十七日

申酉時水自地湧由分水關烏石桐木關齊發山崩地裂近河居民湮沒無數大義橋圮　四十一年癸未東關火　四十九年庚寅閏七月十二日酉戌時水自地出由馬鈴陽村抵河口衝改河道甚多二十二日雨雹大如彈丸　五十年辛卯秋七月十一日夜半地震有聲　五十七年戊戌東關火　五十九年庚子風雨和會稻粱豐稔　六十年辛丑大旱兩稻俱傷

雍正八年大義橋壞縣令張崇樸更新尋遷去縣令王炳旦捘其事

乾隆二年東關火　六年夏四月十三日寅時大義木橋

爕於火邑宰鄭率屬虔救迄辰時火熄諸爐落水倡捐募工易以石高廣倍前中建亭下九洞　八年癸亥夏五月五日夜雷雨大作達旦乃止山水陡漲平地深四五尺田多倒塌民遭覆溺時米價正昂加以水災民甚苦之縣令鄭悉多方調度賴以安全　三十五年至三十七年雨暘時若三載豐登　三十五年正月元日羊入學宫學師謝承發决是科鉛得解果驗　三十六年元旦日鶩湖山赤光如火三日是科聯捷進士者二　四十五年夏雨暘時若大有年　四十九年五月大水焦溪堤壞田廬民畜蕩溺　五十一年六月大水橋梁

多圯

嘉慶七年大旱饑　十三年五月大水大義石橋傾圯任姓捐修　十九年十二月雪花六出主來年豐以上舊志

道光辛巳元年有秋　癸未三年六月彗星見長丈餘回逆張噶喇叛　甲申四年歲大熟　丁亥七年彗星見長數尺逆匪趙金龍叛　庚寅十年三月二十五日丑時石塘火延燒店屋五百一十八家次年七月初火如前甲午十四年旱歉收米鹽俱貴　乙巳二十五年正月初五日辰刻河口天后宮災延燒吉安贛州會館及店鋪數百家嚮午方熄　二十六年以後連年豐登

庚戌三十年七月中旬每日暮白氣見於西北方長十餘丈至八月下旬漸沒

咸豐三年三月山溪暴漲高數丈東洋石橋被衝圮　丁巳七年九月十三日陳坊地震　戊午八年六月初彗星見長貳丈餘　辛酉十一年八月中彗星見長數尺

同治壬戌元年九月初七陽村地震　甲子三年正月大雪十餘日平地積至三尺深山五六尺不等三月十七日申刻有風自東南來吹倒祠宇房屋數百家大樹合抱者多拔折　乙丑四年西鄉蟲傷禾稼東南北三鄉豐收米價甚賤次年亦然　丁卯六年十月十四日陝

坊一帶地震　戊辰七年五月初三日長壽源天坪嶺山頂哤然崩裂廟基裡洪水湧出衝破民田百餘畝山徑一帶衝爲川渠三日前人於廟基側見素衣婦人

己巳八年三月十八日濠溪村落地震以上新增

（清）雙貴、王建中修　（清）劉繹等纂

# 【同治】永豐縣志

清同治十三年（1874）刻本

雜類志

祥異

宋

宣和間曾正宛家池亭蓮一莖兩葩竹一本二幹是年子閔民瞻同登進士因扁其亭曰雙秀

按舊省府縣志選舉皆載曾民瞻中宣和三年進士而無曾閔名今詳此條疑有錯誤姑仍之以俟考舊志

紹興十八年戊辰董德元赴會試時雲水峽祖塋處青天無雲江水暴漲溪橋衝哭而去若有物騰鄉人以爲龍出是科德元果擢第一

元

至正四年甲申邑大水

明

洪武間朱縉生之前一夕庭中忽起土痕二三分狀若犀

牛故縉以犀瑞爲號

永樂八年庚寅春三月邑庠生黄瑞家竹一本二幹

成化元年乙酉羅倫家門首池水忽紅色閃閃如虹霓狀

及赴會試甫出門適聞池西北鼓聲鏜然木板響答竟

不見人行至西岡又聞金銅聲亦不見人次年丙戌倫

狀元及第人皆以爲瑞應

宏治六年癸丑邑患虎知縣車梁爲文檄城隍虎患竟息

嘉靖三十二年癸丑郭汝霖祖輔庸墳上忽産蘭花是年

汝霖成進士采補

三十九年庚申聶豹先塋處柏木十餘株俱承甘露濃

濃者七日知縣陳瓚作瑞應亭宋儀望紀以詩

萬歷三年乙亥冬一夕雷震牆壁搖動有聲

五年丁丑秋雨色黑成塊如粟粒

國朝

雍正九年辛亥冬十一月戴大業家重開牡丹

十一年癸丑邑大水

乾隆十四年己巳重建學宮上梁前一日明倫堂階下產

靈芝色紫據盧府志補入

十五年庚午春縣署與丞署俱枯柳吐葩如芝知縣陳

材紀以詩是年鄉試文武獲雋者六人

十七年壬申邑大饑有力者捐穀施粥知縣陳材有記

三十九年甲午春三月疾風拔樹牆屋倒塌壓斃幼童

城内木坊牌吹飛城外

四十四年己亥夏六月疾風雨雹民房多傾圮屋瓦盡

飛磚亦有飛至數里外者

四十九年甲辰端午前後五日大水七次龍舟沿城内

角勝

嘉慶元年丙辰春正月雨雪大凍樹多摧折

六年辛酉秋七月五都棚𡏌出虎都司吕景雲外委彭

永惠捕殺之

十二年丁卯雷拔宫墻大樹

十六年辛未龍源吳氏祠園內蘭花一柎雙葩一葩各四瓣

十七年壬申監生郭慶霄家海棠花一朶重臺

十八年癸酉夏六月縣西二三十里雨雹田中禾穀盡脫

二十五年庚辰元日晡時雷震是歲邑大旱早稻無收米穀騰貴民多乏食知縣陳徵芝詳請緩征

田心監生吳寬德家蘭花一柎雙葩

道光元年辛巳董源熊氏祠後栁樹吐花如小鳳飛舞翱翔左右

二年壬午夏六月雷震報恩寺塔最上一層半圮其東南之半頂猶屹立

三年癸未王治家蘭花一柎三葩者二

冬十月十三夜月輪外有五色圓暈數重已上舊志

六年丙戌歲大旱民饑

七年丁亥冬十月蟲食穀齋戒祈禝神乃已

九年己丑夏五月邑大水次年庚寅秋八月水患尤甚

十一年辛卯藏書閣羣蜂數聚訓導董醕召諸生讌飲舉明正統狀元周旋事爲瑞證是科劉繹徐鼎黃吳勳奏三人領鄉薦其後四年繹狀元及第又吳勳奏家酒甕內生芝之盤結三花

十四年甲午夏五月大水民饑斗米二三百錢

十五年乙未大旱無禾

二十二年壬寅秋七月洪水驟漲自七都墟至縣潰壞田廬居民漂歿無算

二十八年戊申冬十二月大雪平地深數尺

二十九年己酉春正月朔日奇寒茶酒成凍三月雨雹大如拳

咸豐三年癸丑夏四月彗星南見秋七月霪雨連旬稻生秋

四年甲寅夏五月大饑穀米騰貴鄉村多地陷

五年乙卯藤田地中夜多鬼燐百里相接占者以爲陰

兵入境之象冬十二月粤匪破縣城

六年丙辰歲大稔穀賤

七年丁巳歲大稔冬十月邑東南隅地震砉然有聲

八年戊午孛星見於西隅

同治元年壬戌正月朔日大凍人行冰上魚鳥凍斃

三年甲子春正月明德鄉雨豆五色斑爛

五年丙寅永豐鄉雨米雨豆色黑赤

七年戊辰夏六月雷雨交作忽雲日邊見五色圓暈數

重光彩異常

八年己巳春二月白晝昏黑逾時乃明夏四月大水龍

岡等地田廬多潰壞

九年庚午春三月雨雹碎屋瓦夏五月大旱民饑

十年辛未春正月奇凍樹木多摧折惟蕎麥仍秀三月槎口地雨雹大作傾民廬自夏徂秋鄉村出虎面如馬有鬣啞人無算

十一年壬申春正月朔日大雪越三日乃止

按舊志載祥異年月干支多有重複茲仿春秋編年紀月書法更正以昭體裁新增

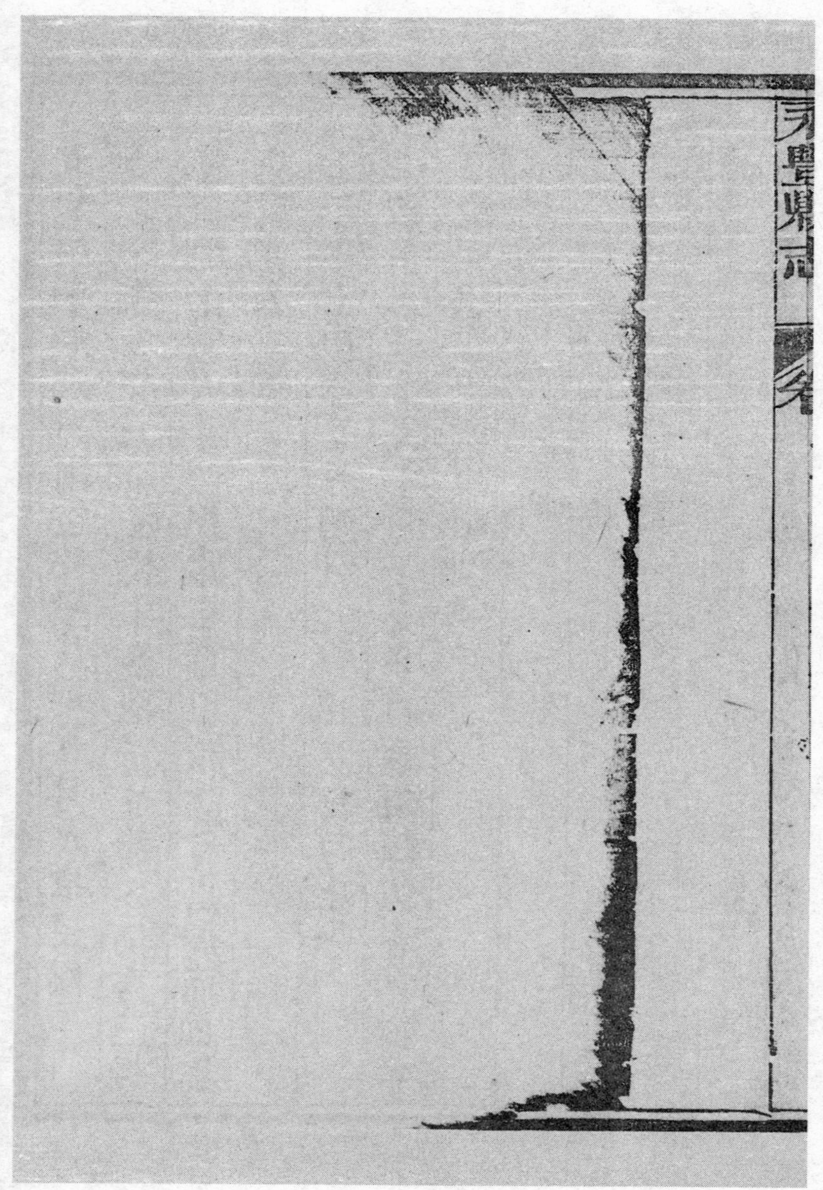
永豐縣志

（清）游法珠修　（清）張彌等纂

# 【乾隆】廣豐縣志

清乾隆二十年（1755）刻本

## 書災

宋寶祐壬子大水彌望幾無留壁

元至正戊寅大水淹沒官民廬舍殆盡

明宣德癸丑大水壞廬舍溪谷易處歲大祲

景泰甲戌春大雪四十餘日平地積數尺白封山谷民絕樵採多餓死者

成化壬辰春夏旱至芒種無秧水秋霪雨浹旬山水大發民舍漂移西橋衝去

正德戊辰十月地方池溢如潮微有聲

正德己巳天雨黑子如梧桐子大

正德庚辰四月大雨雹以風積地盈尺殺飛禽走獸大木斯拔壞廬舍麥無秧苗未幾又大水崩崖堙谷民以饑殍

嘉靖庚子不雨苗植而槁民饑至採天姑散爲食

萬曆壬午秋彗星出於奎婁之分月餘乃滅

萬曆戊子夏秋大旱穀貴邑民至有鬻妻子者

萬曆丙申夏池水溢有聲本學泮池亦然

萬曆辛丑大雨如注水頓高丈餘田廬悉壞民有援屋登樓以避者

萬曆甲辰十一月初九夜地震民間廬舍如傾

萬曆癸丑五月大水推塞田地壞廬舍民多溺死

崇禎元年戊辰七月十九洪水滔天四街相接直湧縣前

古木俱拔田廬人畜多淹沒

崇禎丙子年夏大旱一望如焚米價每石三兩有山上如

粉取以雜米研爲粿食謂之仙粉富人稍積爲饑民所奪

崇禎庚辰正月雪凍樹折廬舍壓倒人謂之木冰

國朝順治四年丁亥大旱野無青草米價每石至七兩縣

令扈公標設米墟於縣前價稍平蔴柘木葉取食殆盡

順治十八年五月至六月久雨霪注大水淹沒田禾

康熙四年乙巳五月十四龍雨大作廬舍多圮縣前石坊

倒裂如粉

康熙七年戊申二月十五日雨雹大如升盈地尺餘

康熙十一年辛亥五月至九月不雨四野如焚

康熙二十五年丙寅四月二十五夜水暴漲旋盈街衢土人見水中如雙燈籠火隨流而下疑爲蛟出閃其睛光

康熙四十七年戊子七月十二日微雨一晝夜十三日水驟漲四衛相接水平齊城

康熙五十九年正月雪凍折樹夏旱

雍正元年虫傷禾稼食心苗節葉次歲再見

乾隆二年丁巳二月十八日天雨荳色干紅檢拾至数合

堅澁不可食

乾隆四年牛大疫

乾隆十六年四月無麥五月米價驟長每石至六兩市肆無糶六月又旱至十二月穀價三兩六錢一石有山土色白如粉取研蒸食山中徽蕨根取殆盡

乾隆十七年牛大疫鄉空其欄

乾隆十八年五月至九月不雨井皆涸旱晚禾俱損秋冬雜藝無收

書祥

明成化丁酉春兩山林多生紫芝土人不識以爲菌

嘉靖癸未春不雨民皆憂旱入夏雨暘時若麥大登有一
莖兩岐者

萬曆癸夘五月菊與芙蓉盛花海棠實大如桃其色青剖
食之味如梨中有數核

國朝乾隆十八年四月麥大熟

乾隆十九年四月麥大熟

論曰天人相與之際微矣匡衡曰精祲有以相盪善
惡有以相感事作於下者象動於上陰陽之理各應
其感水旱之災隨類而至斯言可以通治也昔人遇
災而懼側身修行是故正月繁霜則癙憂以痒震電

沸騰則罷勉從事饑饉薦臻則憂心如熏君子思其咎謝其過於以消災祲而召禎祥焉是之謂善承天道者

# 【同治】廣豐縣志

（清）雙全、王麟書修　（清）顧蘭生、林廷傑纂

清同治十一年（1872）刻本

祥異志壽民附

有道聖人不言符瑞遇災而懼天休滋至苟懋厥修祥桑

曷累苟不愼德九莖徒侈劉班五行毋乃多事禹範箕疇

可陳　丹陛志祥異

唐

元和七年夏五月饒撫虔吉信五州暴水豫章書

宋

景德四年信州饑豫章書

皇祐二年夏六月洪水破城没官舍湮民居

建中靖國元年信州旱

隆興四年秋七月饒信水以上俱通志

隆興四年以饒州與信州建寧府饑民嘯聚遣官措置賑濟

宋史

六年夏五月大水

九年夏五月饒信水圮民居壞田圩

淳熙十年秋八月信吉二州水

慶元六年饒信大水自庚午至甲戌漂流民廬害稼

嘉定九年夏五月信饒大水以上俱豫章書

淳祐十二年大水高於城彌望無際幾無留爨前志

景定四年癸亥發米三萬石賑衢州信州饑宋史

德祐元年五月饒信州饑宋史

元

元統元年五月信州地震豫章書

五年二月信州雨土豫章書

至正八年大水淹沒官民廬舍殆盡

明

宣德八年大水壞廬舍溪谷易處歲大祲

景泰五年春大雪四十餘日平地深數尺積封山谷民絕樵

蘇多餓殍

成化八年壬辰春夏旱至芒種無秧秋霪雨浹旬山水猝發

民舍漂蕩西橋衝圮

十三年丁酉春雨山林生紫芝以上俱前志

宏治十六年元日昧爽廣信有星流於東北豫章書

正德二年夏四月不雨至冬十月通志

三年大水聲蕩如潮通志

四年天雨黑子如梧實前志

九年八月朔廣信晝晦星見通志

十五年四月大風雨雹積地盈尺拔大木壞廬舍五月又大水前志

嘉靖元年廣信霪雨豫章書

二年春不雨至夏雨暘時若麥大登間有一莖兩歧者前志

十四年四月大水豫章書

十九年庚子夏不雨大饑民掘草根剝樹皮以食

萬歷二十五年夏池水盈溢有聲泮池亦然

二十九年大雨如注水頃高丈餘瀕河民居漂溺城中亦登樓屋以避

三十一年五月菊與芙蓉盛開海棠實大如桃剖食之味如梨中有數核

三十三年十一月初九日地震

四十一年五月大水壞田廬民多溺死

崇正元年七月十九大水田廬人畜淹没

九年夏大旱米價每石三兩有山土如粉取以雜米研爲粿謂之僊粉

十三年正月雪凍樹折廬舍壓頹人謂木氷以上俱前志

十六年冬十月初九日龍見有五彩雲擁護陷橫塘一畝濶深十丈餘通志

國朝

順治三年丙戌大旱豫章書

四年丁亥夏大旱斗米八錢知縣扈標設米墟於縣前價稍平

康熙四年乙巳五月十四雷雨大作官民廬舍多傾圮

七年戊申二月十三日雨雹大如升盈地尺餘

十年辛亥蝗旱交祲次年春巡撫董衛國首倡捐賑司府廳縣各捐俸有差發常平分賑饑民賴以全活

十一年壬子五月至九月不雨以上俱前志

二十五年丙寅四月大雨居民漂没無算巡撫佟康年借省倉南漕二萬石親臨賑濟鉛山貴溪志增入

四十七年戊子秋七月大水

四十九年庚寅閏七月十二日大水

五十九年辛丑正月雪折樹夏旱

雍正元年癸卯蟲傷禾稼食心節葉次年復然

乾隆二年丁巳二月十八日天雨豆

四年巳未牛大疫

十六年辛未四月無麥米大貴六月又旱

十七年壬申牛大疫

十八年癸酉五月至九月不雨井皆涸早晚禾俱損秋冬雜

藝無收

二十四年巳卯五月十一日夜大雨至十二日晚止洪水驟

漲縣治南岸水滿平城六門俱水泛入冲坍城內廬舍四

鄉冲坍糧田村舍是年歉收次年又亢暘大旱

三十年乙酉八月十四日晚戌時雨後天霽萬里無雲月華

五彩是年豐登

三十五年庚寅至三十七年壬辰雨暘時若三載豐登

四十五年庚子夏雨暘時若年歌大有以上俱前志

四十九年甲辰大水入城牆垣多圮舊志

五十三年戊申大水更番四次水南沿岸房屋多損舊志

嘉慶七年壬戌五月十七日得雨之後至七月初八日始雨

是年禾稼歉收報部蒙

恩緩征舊志

十五年庚午明倫堂正梁生玉芝大如盤舊志

十七年壬申十一月十四日得雪十二月二十二日又大雪厚尺餘次年大熟舊志

十九年甲戌四月二十一日連旬天大雨水入城秋天雨麥舊志

二十五年庚辰五月十七日雨後至七月二十日始雨舊志

道光二年壬午八月初七日天將曙東方忽坼開丈餘狀如弓形紅光照地早起者多見聞諸父老以為天開目舊志

十四年甲午歲大饑民摘松鬚掘草根以食

十五年乙未大旱歲歉收

十六年丙申十七年丁酉兩歲稔

二十一年辛丑木冰

二十六年丙午六月二十七日申刻大雨傾盆一時許城市水驟漲

咸豐四年甲寅十一月冬至前數日霞坊塘水倏湧高尺餘三刻後如故

五年乙卯歲豐稔

六年丙辰歲亦大稔南城外桑樹生煙

七年丁巳梓樹生梨竹開褐色花城鄉皆然四十一都天雨石塊

十一年辛酉五月二十五日三十一都大雨二時許山水暴漲壞墻屋二十五都梘溪水高丈許入屋二三尺

同治七年戊辰明倫堂正梁上有玉芝大如盤

九年庚午　文廟正殿前直額旁有瑞草長盈尺花開黃色亘月有萎

十年辛未元旦大雪四月霪雨連旬二十四日水溢城市端陽後不雨至六月初十日始微雨秋禾歉收

十一年壬申元旦大雪三月三日未刻風雨交作大雨雹重有至數斤者拔木壞墻屋損坊表禾麥無算

附壽民

李懷字正揚生順治庚寅至乾隆已巳年滿百歲　旌表建坊妻梁氏年九十九前志

節孝周觀新妻俞氏生順治丁酉至乾隆戊寅年百有二歲旌表建坊三十七都排山舊志

邑庠王起昌妻熊氏生康熙已未至乾隆戊戌年壽滿百歲旌表建坊西城外舊志

上高訓導徐廷鑣妻呂氏生康熙辛未至乾隆庚戌壽滿百歲　旌表建坊東城外舊志

庠生徐肇瀧生康熙壬午至嘉慶壬戌百有一歲　旌表建坊城內 舊志

劉幸曉生康熙庚寅至嘉慶巳巳年滿百歲 三十一都

俞絹字弋宜生康熙甲午至嘉慶癸酉年登百歲庠生俞鴻昌妻張氏年九十六 四都

國學俞元均妻周氏生康熙癸巳至嘉慶壬申年躋百歲親見五代教諭李贈五世同堂額 舊志

羅士達生康熙丙申至嘉慶乙亥年滿百歲 三十五都

劉文欽妻夏氏生雍正乙巳至道光甲申壽滿百歲　旌表

建坊西城外舊志

飲賓紀翼楷妻楊氏生雍正己酉至道光己丑百有一歲親見五代　旌表建坊中隅

李連之妻陳氏生雍正辛亥至道光己丑年躋百歲四十三都

姜耀彩生雍正辛亥至道光庚寅年滿百歲四十六都

饒雲顯生雍正乙卯至道光甲午年登百歲三十三都

國學王華明妻嚴氏生雍正乙卯至道光甲午壽滿百齡城內

周斯郁生乾隆庚寅至同治己巳年登百歲四十三都

何敬遜妻葉氏生乾隆庚寅至同治庚午年逾百歲四十八都

鄭天榮生乾隆丁巳至道光丙申壽滿百歲親見五代侍郎題贈以百齡五代額妻祝氏亦年九十八四十八都

俞繼洗妻柴氏生乾隆戊午至道光庚子壽百有二歲　旌表建坊四都竝給貞壽之門匾四都

吳積漢妻莊氏生乾隆六年辛酉至道光十三年癸卯百有三歲四十[illegible]

徐芳梅妻周氏生乾隆丁卯至道光丁未百有一歲子九孫二十八曾孫三十八元孫一親見五代　旌表建坊四十五都

祝錫範妻管氏生乾隆戊辰至道光丁未年登百歲四十都

周時麟生乾隆己巳至道光庚戌百有二歲　旌表建坊二十都

周懋暄生乾隆庚午至道光庚戌百有一歲　旌表建坊二十都

俞敔宏妻黃氏生乾隆壬申至咸豐辛亥年登百歲　旌表建坊四都

劉建安妻胡氏壽滿百齡咸豐十年學憲畢給以上壽延慶匾三十二都

廖鶴鵬妻張氏生乾隆癸未至同治壬戌年登百歲 四十三都

余智修百有一歲同治二年 旌表建坊十九都本祠

潘人炊妻周氏生乾隆己丑至同治庚午百有二歲 三十二都

國子監司業銜黃鳳翙暨妻夏氏俱生乾隆己丑至同治庚午百有二歲親見五代 旌表建坊二十五都

周瑞明妻徐氏生乾隆庚寅至同治庚午百有一歲 十五都

俞體元妻徐氏生乾隆庚寅至同治己巳年登百歲 三十六都

余鴻科生乾隆庚寅至同治己巳年登百歲 十五都

黎學林生乾隆辛卯至同治庚午壽滿百歲 十五都

王盛瀾妻陳氏生乾隆辛卯至同治庚午年躋百歲七都

吳殿秋生乾隆壬辰至同治辛未年滿百歲請　旌二十都

傅上鉛生乾隆壬辰至同治辛未壽登百齡請　旌弟上釧

亦年九十五四十四都

貢生劉光表妻夏氏於嘉慶癸亥同登耄耋親見五世同堂

題請給扁眉壽延慶舊志

國學毛淮妻王氏於嘉慶庚午並逾古稀親見五世同堂題

旌給扁遐齡綿瓞舊志

紀繼信年八十八歲妻黃氏齊眉偕老子三孫五曾孫六元

孫二親見五世同堂舊志

庠生謝岐年八十六妻張氏亦八十六歲齊眉偕老親見五代同堂邑侯陳贈五世凝禧額舊志

鄭光裕年九十六歲子三孫十七曾孫三十三元孫四親見五世同堂舊志

節孝鐵光涫妻鄭氏年八十八歲子一孫一曾孫五元孫一親見五世同堂舊志

飲賓周式璽於道光癸未年九十五歲長子曰庠長孫型長曾孫熛長元孫登五親見五世同堂次子秉綸孫拜禮並

列膠庠題請　旌表舊志

從九王如玉於嘉慶戊寅年九十有二歲子六俱入監孫二

十曾孫十四元孫三親見五世同堂孫列庠序學政王給

椿茂蘭芬匾　四十三都

劉能溫暨妻夏氏年登九旬餘子三長上達孫二長鴻燿曾

孫一增福元孫一原宗親見五世同堂題請　旌獎給黃

耆緐衍額　三十一都

葉其虞妻徐氏年登期頤親見一堂五世學政汪給九旬五

世額　五都

周廷楢於道光庚子年八十五歲親見五世同堂郡守全贈

延齡餘慶匾　三十四都

周光煊於咸豐戊午年七十八歲親見五世同堂司鐸朱贈

以匾　二十四都

通判周圭年七十九歲親見五世同堂子鉅增貢孫澔拔貢

曾元皆蜚聲庠序　恩賞銀緞並給遐齡緜瓞匾　三十七都

陳振首年九十三男五長恢璣孫十三長位頂曾孫二十八

長祿賞元孫三長有禮親見五世同堂　三十二都

徐如松年九十歲子一新廉孫四長光列曾孫十四長則敬

元孫一步雲親見五世同堂四十八都

蕭以森妻鄭氏年八十七男一仕鏗孫四長吉昌曾孫十一長尚傑元孫一孝文親見五世同堂三十二都

陳恢璣年八十二男一位頂孫二長祿賞曾孫一有禮元孫一志圓親見五世同堂三十一都

毛瑞試妻余氏於咸豐乙卯年九十一歲長子紹楷長孫聯焜曾孫崇德元孫之元親見五世同堂三一都

周望賢於道光戊戌年九十有四歲子四長節成孫十一長經之曾孫四長鳳岐元孫一繼新親見五世同堂三十都

庠生朱德修暨妻韓氏俱壽逾八旬親見五世同堂四十七都

俞安鼎側室徐氏年八十八親見五世同堂四都

張盛興妻金氏年九十九親見五世同堂十都

續補

顧士擗妻周氏生雍正戊申至道光丁亥年登百歲四十八都

周建志生乾隆壬午至咸豐辛酉年登百歲三十都

徐樹佳妻張氏生乾隆癸巳至同治甲戌年百有二歲子五孫九曾孫三元孫一親見五世同堂　學師饒奬之十七都

劉廷魁生乾隆乙未至同治甲戌年登百歲三十一都

趙登蓮妻鄭氏生乾隆乙未至同治甲戌年登百歲十八都

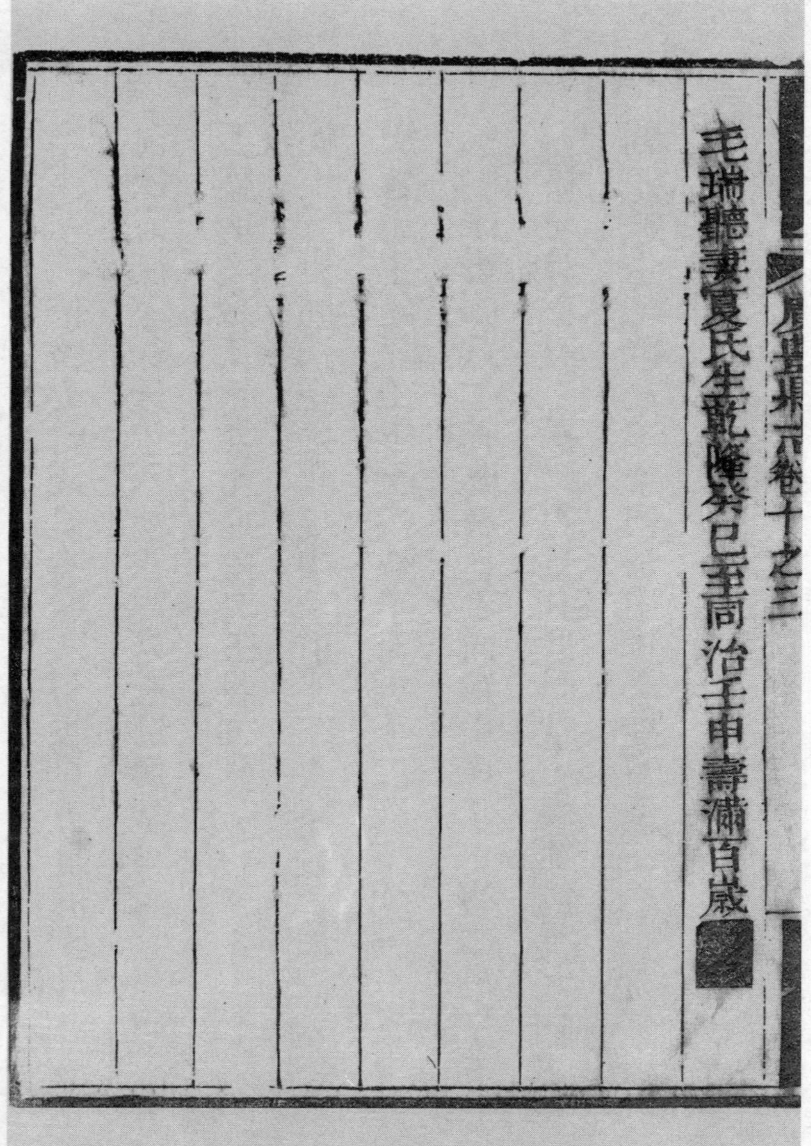

毛瑞聰妻夏氏生乾隆癸巳至同治壬申壽滿百歲

# 【康熙】婺源縣志

（清）劉光宿修　（清）詹養沉纂

清康熙八年（1669）刻本

## 禨祥

敘曰祥無必慶災無必咎顧銷伏何如耳繇天人之際精祲有以相盪政善而祥臻治失而咎見自然之應也洪範庶徵曰休曰咎宜謹書之志禨祥

唐 永徽 元年有大黃石自山墜于溪側瑩徹可愛群犬見競吠之村人推至水中又俯水而吠取石碎之乃止見稽神錄

宋 元豐 壬戌仲秋五顯廟左楹產靈芝邑人創閣秘之知縣事

方洵武作記

四年南街内朱氏井中有白氣如虹是日朱韋齋松生

建炎四年朱氏井中紫氣如雲是日朱文公熹生事見世紀

慶元三年張村民家雌鷄化爲雄烹之形冠距而腹卵孕同里洪氏雄鷄伏子一雛三足一雛無足范準詩群鷄唱罷山月落一鷄峩冠却無脚褊腷膊膊轉雌聲乃與雄鷄相對鳴有翎飛不高無足胡能行徒爲牝晨禍家庭羽毛之孼何由生氣淫運乖非祥禎德輝之鳥翔千仞安肯下食其尔相喧爭

壬午縣治儒學俱災

辛卯儒學災

元

大德 丙午丁未蝗洊饑多虎

延祐 甲寅儒學災

明

正統 庚申文公廟宅災

成化 壬辰旱

戊戌夏秋旱

庚子旱

壬寅學產芝

丁未知縣藍章廳舍杜一株植久至是始結子纍纍如葡萄狀味甘美可食

弘治庚戌九月城中民居自城西至教民坊俱災延及儒學文公祠

丙辰九月民居復災及儒學

甲子九月靈順廟萬壽寺災

己巳大饑

正德丁卯有星殞于芙蓉峯下

癸酉春饒姚源洞寇王浩八由開化踰大鏞嶺突入本

縣東西南鄉殺掠無算火民居秋大疫

乙亥本縣廳產芝

嘉靖己丑文公廟灾

壬辰夏五月大有蝗其飛蔽天

丙申八月晝陰晦雨如棕櫚子皮色紅鮮光淅淅有聲

如霰

戊戌虎群至傷死男婦二百餘口牛畜不可數計捕獵

無策愚民焚山逐虎延燒苗木不啻億萬又久不雨麥

半收稻價昂

二月城東張家失火延燒民居四百餘家焚死男婦二
口
四月城西王家失火復燒二百餘家焚死男子一人被
燬小民號呼盈耳縣丞鄭申請賑䘏
己亥夏六月大水山崩水高三丈餘淹死男婦三百餘
人漂民廬舍二千餘所
乙巳大風雨雹壞儒學兩廡號舍文公祠坊及五顯廟
又縣儀門吏舍民居火壞是年又大饑
辛酉大水入市深七尺

丙寅二月礦賊入城焚毀縣堂署舍

萬曆

癸酉八月朔水突從東北來驟漲數丈漂流船隻舂碓

壬午五月大水與辛酉同

丁亥春陰雨兩月貧民不能力作二麥無收

戊子大饑貧民採土石雜糠粒以食

己丑大旱荐饑斗米一錢七分兼疫癘徧滿道殣相望

孤村幾無人煙

癸巳秋旱田皆龜折中雲王氏祠前平田陡陷數丈濶

約畝許黑氣薰蒸其深不可侧計于中隱隱動盪左轉

左顙右旋右傾不知此中何物所致又上數百步忽噴

一泉涓涓不息至今可堪汲取蓋此地少泉突開泉穴

亦異數也

九月初隕霜傷禾稼

甲午饑米價涌騰

乙未五月縣前韓氏失火延燒民居百餘家

戊戌秋旱

壬寅五月大水漲高數丈山飛入田田變爲阜壓損房

屋淹溺人畜無算

甲辰十一月地震

丁未春瑞竹生于玉川後龍山一本自十節以上分爲兩岐節節相偶直上枝葉蓁盛先是產于荷花橋故名瑞竹軒翰林黎淳諸公有記其後開先部中復開瑞桃瑞榴人謂一家三瑞云

十月大雷電

十二月雪二十餘日

戊申四五月淫雨彌月不止平地水深丈餘旋退旋漲淹沉廬舍衝損田園

己酉歲大祲六月復大水東北爲甚衝損橋梁漂流民

居

庚戌春夏西南北三鄉多虎患臘月虎入西城

辛亥大有年

甲寅歲大歉稻價昂

天啓

辛酉壬戌二年多虎患噬人

甲子五月朔邑大水舟浮于市主簿廨深三尺既望又大水舟往來城堞上西南城門圮民居多漂毀溺死者甚衆田皆衝漲

丙寅大旱

街
壬申七月縣治前民居災延燬百餘家及環帶門城樓

九月崇化坊延燬亦衆

癸酉正月儒學明倫堂左廊災延焚教諭廨

乙亥夏淫雨連旬縣堂圯四鄉大水山崩田漲民居漂蕩

丙子五月大饑斗米價三錢民轉糴于休道殣相望

辛巳大饑民採苧葉掘石脂為食石脂土似粉和麪作餌呼曰觀音粉食之多致病死　十月朔日食晝晦如夜

國朝

順治丙戌大旱自五月至七月始雨

丁亥大饑饒民俱乞糴于休米每石價至八兩幾一月

郊莩山積鹽給于衢饒每觔一錢二分

戊子疫

庚寅秋東鄉大疫

壬辰癸巳連歲多虎患

癸巳夏大雨雹鳥巢俱隕二麥壞

甲午秋七月二日邑西富村有大楓木忽仆居民薪其

枝殆盡十九夜有聲樹忽自起

冬奇寒大木皆槁河水合月餘不解

戊戌八月邑孜民坊民居災延燬百餘家及博士廳朱子綱目文集諸書版并縣誌版俱燬

康熙癸卯大郭山竹盡生實形如麵民採而舂食之厥味甘多至數千石

戊申六月十七日夕地震

贊曰聖人言理不言數而保章氏以星土辨九州之域以觀妖祥何其察也雊雉與榖生鵲災宋妖亦天時人

事互居其勝乎惟王省歲以天下爲身圖者宜然也邑

雖蕞爾嶂一指而全體動則一邑祲氛猶指類也積日

爲省祥不空來妖不虚應卿士而下是望于師尹矣

# 【民國】重修婺源縣志

葛韻芬等修　江峰青纂

民國十四年(1925)刻本

重修婺源縣志卷七十

雜志二

祥異

敘曰祥無必慶災無必眚顧銷伏何如耳然天人之際禎祲有以相盪政善而祥臻治失而眚見自然之應也洪範庶徵曰休曰眚宜謹書之志祥異

按舊志名禨祥載天時休眚攷府志通志皆名祥異而人瑞附之前邑志沿府志例究嫌不類今另編

唐

永徽元年庚戌有大黃石自山墜於溪側瑩徹可愛羣犬見競吠之村人推至水中又俯水而吠取石碎之乃

止事見稽神錄 元和三年戊子旱饑

宋

雍熙中大疫 元豐五年壬戌八月五顯廟左楹產靈芝邑人創閣祕之知縣事方洵武作記 紹聖四年丁丑南街內朱氏井中有白氣如虹是日朱獻靖公松生 建炎四年庚戌朱氏井中紫氣如雲是日朱文公熹生事見世紀 紹興十八年戊辰五月徽州慶雲見事見宋史是年朱子登進士第 慶元三年丁巳張村民家雌雞化爲雄京之形冠距而腹卵孕同里洪氏雄雞伏子一雛三足一雛無足范準詩羣雞唱罷山月落一雞戴冠卻無腳腷腷膊膊轉雌聲乃與雄雞相對鳴有翎飛不高無足胡能行徒爲牝晨禍家庭羽毛之孽

何由生氣淫運乘非祥禎德輝之鳥翔于仞安肯下食共爾相喧爭
嘉定十五年壬午縣治儒學俱災　紹定四年辛卯儒學災

元

大德十年丙午十一年丁未蝗洊饑多虎　延祐元年甲寅儒學災

明

正統五年庚申文公廟宅災　成化八年壬辰旱　十四年戊戌夏秋旱　十六年庚子旱　十八年壬寅學殿產芝　二十三年丁未知縣藍章廳舍桂一株植久至是始結子纍纍如葡萄狀味甘美可食　宏治三年

庚戌九月城中民居自城西至牧民坊俱灾延及儒學文公祠　九年丙辰九月民居復灾及儒學　十七年甲子九月靈順廟萬壽寺灾　正德二年丁卯有星隕於芙蓉峯下　四年己巳大饑　八年癸酉春饒姚源洞寇王浩八由開化踰大鏞嶺突入本縣東西南鄉殺掠無算火民居秋大疫　十年乙亥縣廳產芝　嘉靖八年己丑秋儒學灾据沿革表延燒數百家　十一年壬辰夏五月鄉有蝗其飛蔽天　十五年丙申八月晝陰晦雨如櫻桐子皮色紅鮮瓦淅淅有聲如霰　十七年戊戌虎羣至傷死男婦二百餘口牛畜不可數計捕獵無策愚

民焚山逐虎延燒苗木不啻億萬又久不雨麥半收稻價昂　二月城東張家失火延燒民居四百餘家焚死男婦二口四月城西王家失火復燒二百餘家焚死男子一人被災小民號呼盈耳縣丞鄭申請賑卹　十八年己亥夏六月大水山崩水高三丈餘淹死男婦計三百餘人漂民盧舍二千餘所　二十四年乙巳大風雨雹壞儒學兩廡號舍文公祠坊及五顯廟又縣儀門吏舍民居大壞是年又大饑　三十年辛亥四月庚子文公祠災　四十年辛酉大水入市深七尺　四十五年丙寅二月礦賊入城燒縣堂署舍　萬歷元年癸酉八

月朔水突從東北來驟起數丈漂流船隻舂碓　十年壬午五月大水與癸酉同　十五年丁亥春陰雨兩月貧民不能力作二麥無收　十六年戊子大饑貧民採土石䅲糠粒以食　十七年己丑大旱洊饑斗米一錢七分兼疫癘遍滿道殣相望孤村幾無人煙　二十一年癸巳秋旱田皆龜拆中雲王氏祠前平田陡陷數丈闊約畝許墨氣熏蒸其深不可仞計於中隱隱動盪左轉左顛右旋右傾不知此中何物所致又上數百步忽噴一泉涓涓不息至今猶堪汲取蓋此地少泉突開泉穴亦異數也　九月初隕霜傷禾稼　二十二年甲午

饑米價湧騰　二十三年乙未五月縣前韓氏失火延燒民居百餘家　二十六年戊戌秋旱　三十年壬寅五月大水漲高數丈山飛入田田變爲阜壓損房屋淹溺人畜無算　三十二年甲辰十一月地震　三十五年丁未春瑞竹生於玉川後龍山一本自十節以上分爲兩歧節節相偶直上枝葉蓁盛先是產於荷花橋故名瑞竹軒翰林黎淯諸公有記其後開先館中復開瑞桃瑞榴人謂一家三瑞之兆云　十月大雷電十二月雪二十餘日　三十六年戊申四五月淫雨彌月不止平地水深丈餘旋退旋漲渰沉廬舍衝損田園　三十七年己酉歲大祲六月復大水東北爲甚衝損橋梁

漂流民居　三十八年庚戌春夏西南北三鄉多虎患臘月虎入西城　三十九年辛亥大有年　四十二年甲寅歲大歉稻價昂　天啓元年辛酉二年壬戌多虎患噬人　四年甲子五月朔邑大水舟泛於市主簿廨深三尺既望又大水舟往來城堞上西南城門圮民居多漂毀溺死者甚衆田皆衝漲　六年丙寅大旱　崇禎五年壬申七月縣治前民居災延燬百餘家及環帶門城樓　九月崇化坊延燬亦衆　六年癸酉正月儒學明倫堂左廊災延焚教諭廨　八年乙亥夏淫雨連旬縣堂圮四鄉大水山崩田漲民居漂蕩　九年丙子

五月大饑斗米價三錢民轉糴於休道殣相望　十四年辛巳大饑斗米四錢民採苧葉掘石脂爲食（石脂土似粉和羹作餌呼曰觀音粉食之多致病死）　十月朔日食晝晦如夜

## 清

順治三年丙戌大旱自五月至七月始雨　四年丁亥大饑饒民俱乞糴於休米每石價至八兩幾一月郊苧山積鹽給於衢每斤一錢二分　五年戊子疫　七年庚寅秋東鄉大疫　九年壬辰十年癸巳連歲多虎患

癸巳夏大雨雹鳥巢俱隕二麥壞　十一年甲午秋七月二日邑西富村有大楓木忽仆居民薪其枝殆盡

十九夜有聲樹忽自起冬奇寒大木皆稿河冰合月餘不解　十五年戊戌八月邑牧民坊民居災延燬百餘家及博士廳朱子綱目文集諸書版并縣志版俱燬康熙二年癸卯大鄣山竹盡生實形如麰民採而舂食之厥味甘多至數千石　七年戊申六月十七日夕地震　九年庚戌十月明道坊民居災　十年辛亥旱十月大雨雹雷震儒學櫺星門十二月雷擊文廟戟門西角柱　十一年壬子四月十六日有長星如帶亘天十三年甲寅七月十三日地震　十七年戊午六月東鄉大雨雹禾稼皆損時謂爲龍鬬　十九年庚申五月

有長星亘天　二十二年癸亥夏西南二鄉家麇自生小黑蟲齧稻實一空民乏食　二十五年丙寅八月明道坊災延燬環帶城樓及民居五十餘家　二十九年庚午冬奇寒大木盡槁　三十年辛未三月霪雨文廟西邊頹　五月大雨連旬至二十四日東北兩河洪水暴漲浸溢城垣漂沒民舍田廬棺木無算　三十一年壬申冬月民間有訛言雖深山窮谷室女皆嫁盡　三十二年癸酉夏旱饒河阻截署縣事糧捕廳蔣燦詳移疏通　七月城西龍鳳山關廟後寢地磚迸裂產靈芝五本有紫黃黑三色　三十四年乙亥十二月大雨連

句府志云四十日不止六邑皆然 三十五年丙子五月大水 三十六年丁丑歲祲米價昂 四十三年甲申歲饑 四十四年乙酉冬十一月二十三日太平坊火鐘鼓樓廉惠倉陰陽學申明亭俱燬 五十五年丙申秋旱災 五十七年戊戌六月洪水暴發漂廬舍浸田禾 六十年辛丑夏秋閒兩月不雨旱災米價昂 雍正二年甲辰冬十一月初二日居民失火延燒朱文公廟 十二年甲寅重建文公廟工將告竣因匠人誤落火六月十六日復災 十三年乙卯城隍廟火 乾隆八年癸亥春饒河遏糴米價騰躍至三兩一石民採苧葉竹米及蕨

石脂粉爲食　九年甲子七月初六日洪水驟發入城浮舟於市視天啟甲子高三尺壞田廬及溺死流棺無算　十年乙丑五月復有水災　十二年丁卯復大水北鄉尤甚水入城市上以舟往來　十六年辛未五六七月大饑斗米價銀三錢　十月西關外居民失火延燒百數十家　二十一年丙子夏大饑斗米價銀三錢秋有年　十月十六日地震　二十四年己卯六月二十一二十二兩日洪水驟發四鄉沖壞房屋一千五百四十家淹斃男婦大小七十二人　三十年乙酉地生毛歲饑以上舊志以下據沿革表及新續　五十一年丙午歲饑斗

米價銀四錢　五十七年壬子五月初七日洪水驟發入城視甲子低五尺壞田廬流屍棺無算斗米價銀四錢　五十九年甲寅五月斗米價銀四錢　嘉慶六年辛酉五月斗米價銀四錢　九月孛星見　七年壬戌五六月旱饑斗米價銀六錢　八年癸亥五月斗米價銀四錢　九年甲子秋東城門樓燬　十年乙丑五月斗米價銀四錢　十三年戊辰五月斗米價銀四錢　十四年己巳五月斗米價銀五錢　十五年庚午八月孛星見　十六年辛未秋嘉魚門城樓燬明年知縣丁應鑾捐廉重建　十七年壬申四月二十二日夜洪水

驟發入城東河冲壞田廬淹斃人口漂流屍棺婺轉羅
於休寧　十九年甲戌洪水驟發舟浮於市淹斃人口
壞田廬流屍棺無算　二十四年己卯六月孛星見
道光元年辛巳五月斗米價銀五錢　八年戊子四月
孛星見　十五年乙未五月大水秋旱災民乏食　十
七年丁酉三月孛星見　二十六年丙午正月孛星見
　三十年庚戌正月朔日食　十月地震有聲如雷
咸豐元年辛亥三月天雨雹大如雞卵婺北龍騰等處
多被災　二年壬子六月廿八大水沱川出蛟壞田廬
　冬酉鄉賦春樟樹一株大十圍抱忽裂坼聲如雷餘音

數日夜不絕里駭驗之兩邊洞澈約闊尺餘葉落盡賊平後收合如初枝復茂盛　十一月初二日城東北鄉地震　四年甲寅六七月彗星見西方　十一月孛星見　十九夜城鳴　十二月婺西杭溪水逆行至賦春洶湧如潮踰時復如初莘田游汀霍口金埠深渡盤山等處皆如是　五年乙卯二月粵匪初自清華陷城以後詳兵事　三月賊退有狐縊常平倉旁守舍中邑人董祥龢有記　五月十八日大水　七月彗星見　六年丙辰六月大風雷雨婺南高安等處大木盡拔太子橋有牧童被風吹入雲中及墜地亦無損　七年丁巳七月賊陷城焚

縣治頭門及民居　八年戊午八月以後城內公署廟宇盡被賊拆燬　九月彗星見西方長亘天直至十二月乃沒　九年己未正月初五夜有白光一道亘天狀如虹由西方起至東方止　二月賊焚城計餘房屋不滿百間　六月大雨連旬洪水驟發沖壞田禾　十一年辛酉五月東鄉秋溪等處雨五色豆　六七月閒彗星見直射入北斗口據董祥暉蚺城紀難稱五月十二月大雪平地三尺至春初未消大寒堅冰可立數年中有地震　同治元年壬戌正月清華敎忠書院左楹產靈芝　七月十五日星隕及地化爲石　二十八日彗星見光芒至九月十

一始沒 多惡獸食人似犬而高類小黃牛兵難以來疊見 二年癸亥九月孛星見 三年甲子正月初二日雨雪至十五日乃止 十年辛未四五月間天雨菽 六月初六太白晝見 十一年壬申八月孛星見 十三年甲戌六月有流星自西北方直入東南光耀異常後有一小星隨之

光緒二年丙子六月間有妖人剪男婦辮髮雞剪毛相傳產蛇 四年戊寅五月二十五日洪水暴漲學宮前深五尺餘總坊前深六尺正南門月城圯自有年橋以下舟皆城上往來漂廬舍浸田禾流屍棺無算縣令楊申請賑恤 二十九日復大水 六月十九日復大

水　五年己卯六月十六日雷火焚常平倉柱太子橋等處雨雹損禾稼　秋冬大疫　七年辛巳五月孛星見　八年壬午五月初四日洪水驟發西南鄉尤甚較戊寅高五尺漂廬舍流屍棺淹斃人口山谷摧頹田畝砂積冲壞無算縣令吳申請賑卹　二十三日大水雨雹　八九十月長星見鶉火之次　十八年壬辰冬虎游城下食人於環村洲　二十二年丙申三月雷震朱文公廟壞正殿一角　二十三年丁酉五月長徑水口外雷殛大蛇頭如箕身如甕畚棄於河水臭累月　二十七年辛丑十二月縣署大有庫災　三十四年戊申

五月蛟水爲災大吸漂民房三十六所浯村四十餘所嶺下十餘所淹斃男女二十餘人沙壅石積之田約八百畝江灣溪頭一帶水災亦重　宣統元年己酉六月冲田人往獅山脚清水巖禱雨有五六人誤入巖口不得出衆漸集聞巖內聲若聚蛟往救者以濕巾掩口鼻縋繩下將前五六人救出立斃者二人餘皆蘇自言初入巖內若煙若霧遂漸昏迷不知疑何妖怪數月後忽有雷擊石以塞巖口　三年辛亥四月十六日彗星見

民國四年乙卯五月東鄉一二都南鄉二十五都等處大水冲壞田廬道路　六年丁巳正月初二地震屋

壁響半時始定二月初一午刻天暗地又震　八年己未五月二十四日冲田齊林喜父子往狮山採樵回至冲坦雷雨大作林遣子先回自往墠坦看禾夜深未回家人尋覔無踪天明見田畔箬笠在焉田中陡陷一丈許以木竿探之尸浮出後數日陷處復平　六月二十四日大風雨雹傾牆倒屋磚瓦皆飛拔大木四十餘株祠堂大柱磉有吹移盈尺者田禾大損　十年辛酉秋南鄉太子橋一帶大疫　十二年癸亥四月初九日東鄉一二都大水成災　十四年乙丑四月以後米價驟貴銀洋一元市米不及一斗貧民多賴蔬菜或採苧葉

供日食

贊曰聖人言理不言數而保章氏以星土辨九州之域以觀妖祥何其察也雊雉興殷生鸛災宋毋亦天時人事互居其勝乎惟王省歲以天下爲身圖者宜然也邑雖蕞爾牽一指而全體動則一邑祲氛猶指類也積自爲省祥不空來妖不虛應卿士而下是望於師尹矣

# 【同治】饒州府志

（清）錫德修　（清）石景芬等纂

清同治十一年（1872）刻本

祥異

吳黃武元年黃龍見赤烏三年十一月饑九年五月白虎仁

晉大興元年枯樟更生

永和十二年九月甲申白兎見太守王耆之進獻并七頌

義熙二年八月熒惑入南斗第五星蓋韓英之兵徵云

宋孝建二年餘干雷震死者二十九人

隋開皇三年餘干大水漂市民三十五家

唐永徽元年六月大水

顯慶元年十一月己巳郡城火

貞元十一年六月浮梁樂平大水漂流四千餘戶

元和七年五月大水　十一年二月樂平暴水漂沒數千戶

宋太平興國二年獻六目龜

大中祥符元年五月龍墮餘干之李梅峯西麓大十七圍長十五丈黑質白文骨節脫七日旦不死里人章豹聞於有司屠之風雨暴作　六年四月饒州承天院東山生芝草四本連葉

天禧元年四月浮梁山竹生穗如米俗傳應荒

慶歷三年大水

熙甯三年六月己未長山雨木子數畝類山羊味辛香是歲大稔

元豐七年旱

紹興六年冬雨水壞郡城四百六十餘丈　九年饑斗米千錢
十四年旱　樂平金山鄉和衢里田隴數十百頃隴中水
如爲物所吸聚爲一直行高平地數尺不假隄防而水自行
里南程氏家井水溢亦高數尺夭矯如長虹聲如雷穿牆壞
樓二水鬬於杉墩且前且却約十餘刻乃解各復故處　二
十一年鄱陽石門張傭家生重萼牡丹又郡城汪念一家竈
鼎生金色蓮花五月水鄱陽田圩壞　二十七年鄱陽有妖
鳥鳧身雞尾長喙方足赤目止民屋數日彈矢不能中
隆興元年大水
乾道元年永甯寺池前枯木化爲龍飛去　四年大水饑　五

年饑民多流移　六年春旱至冬不雨大饑至七年人食草實多流徙遺孩滿道

淳熙八年正月至十一月不雨民大饑流入淮郡者萬餘人　十年鄱陽南鄉民產子兩肘有三臂長能鬬六臂並運　十四年五月旱

紹熙四年鄱陽民家二小鼠食牛角三徙牛卒不免角穿肉瘠以斃　五年七月鄱陽紫樞坊二犬共搏一蝮俄頃三物俱死

慶元元年樂平白巖及衆樂坊以西大火鄱陽民家一猫領數十鼠隨行相哺如子母或殺猫而鼠呧其血　二年三月景

德鎭漁人得一魚頳尾鯉鱗而首異常鎭人言其不祥　三年樂平縣田家牛生犢如馬一角麟身肉尾農以不祥殺之又萬山牛生犢人首據通志補

慶元三年郡兵廬舍雞卵出蛇　六年五月大水流民廬舍鄱陽車門曹氏屋上生白蓮花高二寸闊三倍之次日化爲菊

開禧九年五月大水

嘉定三年樂平安隱寺至衆樂坊大火焚民居殆盡　九年五月大水　十年饑民多聚爲盜

寶慶二年浮粱化鵬鄉九里坑二水同發溢東北港蛟出漂溺甚多

淳祐五年蝗食禾穗及松竹葉　十二年六月淫雨水漲溺者無算

元大德元年五月大雷雨山澤龍出舟行樹杪漂没民居浮梁大水市民移徙學嶺高埠等處

延祐二年夏大雨彌月城郭居民没者半　七年五月進嘉禾一莖六穗

至治三年春恆雨三月浹月大水浸民居較乙卯減三尺

天歷元年大旱饑命有司賑貸

元統元年十一月餘干地震　十年冬温霹靂雨黑黍大如麥草木花　十一年餘干清湖水忽黄濁明年大亂

至正十年鄱陽有二大鹿市人爭逐之雄觸死雌悲鳴徬徨不能去頃之亦死冬溫霹靂雨黑黍草木葉　十一年餘干溢湖水忽黃濁冬鄱陽雨䵼子大如黍黑赤色　十八年二月三夜星殞康郎湖中曳焰曲折如篙袁準曰此枉矢星也蓋明與偽漢之兵徵云

明洪武二年淫雨四月至六月鄱城中水深丈餘冬始平城多傾圮

永樂元年春大雨水秋旱蝗民大饑　二年正月四日大雷雨積潦至五月七日惡風作水漲郡城中深二丈許漂廬舍溺死者以數千計壞城郭五百餘丈居民往來以舟七月始平

民大饑斗米值明寶鈔三十貫該銀三錢七分五釐　十年四月大水　十四年七月暴雨山穴蛟出水溢砂石塞田十之三

洪熙元年二月地大震河水盈蕩屋瓦有聲七月復震

宣德六年水大饑六月浮梁頃刻水溢丈餘城中不浸者數十家視癸未深五尺　八年火燬郡城民舍千餘

正統三年樂平火縣治儒學及民居盡燬焚死者衆　五年七月大火郡城燬民居三千八百四十二戶義民山景瞻輸粟賑饑詔行人劉文旌其門

景泰四年正月二日大雪平地深四尺樂平野獸入宅　五年

五月大水漂廬舍溺人甚多

天順　年七月浮梁大水民多漂溺廣福觀岸傾成溪溪壅成洲

成化七年樂平大水漂沒數百戶　十二年正月浮梁大火東南隅焚千餘家

宏治六年餘干火　十二年正月浮梁大火起北隅延及東西隅民居文廟譙樓皆燬　十三年冬大水　十五年八月十三夜樂平地震　十六年餘干大火

正德元年九月餘干地震　三年七月餘干東鄉雨黑黍九月餘干西鄉雨黑黍自是至庚午節年大旱　四年餘干古埠

生蔴蔙如劍者三本蓋姚源賊變之徵云　五年三月十一夜樂平有一鳥九頭飛過縣治十月浮梁夜火燬明倫堂及民居三百餘戶　七年三月雨雹如雞卵大風壞民居田稼牛羊多死傷　八年雷震烈雪片如掌平地積深三四尺　十二年四月五日浮梁虎入城西門越數日始去五月念六北鄉石斛五顯廟柱龍變水暴至漂溺無數　十三年浮梁魚步余邱家產牛二面三目三鼻首重不能舉遂死　十五年安仁姚源寇火官廨民廬殆盡雨黑黍　德興姚源寇後大旱赤地數百里民轉死流離者十室而九知縣趙德剛遣老人蔣喜詣闕陳奏奉旨停征次年仍發銀七千八百餘兩

賑恤

嘉靖元年五月大水市上行舟六月大風拔木冬大饑　五年五月念五夜虎入郡城及順昌王府前命力士搏殺之九年餘干火　十九年四月雨雹如鵞卵五月蛟出大水民乘舟入城市漂廬舍溺人至多水後大饑景鎮停止窯業樂平民爲變相讎殺　二十三年八月不雨至於九月大饑餘干大風拔木　二十四年旱大饑斗米一錢五分　三十五年水　三十七年獲白兎　四十年獲白雁　四十一年水　四十二年郡城蠙州有牛腹大異常忽雷電遶其身產犢如駒鱗角俱具後莫知所往

隆慶五年冬德興雨雹大如雞子小如棗栗牛馬死

萬歷二年五月六日餘干火燬百餘家延及公署七月水衝潰西津圩岸漂没廬舍　三年旱饑是年夏日有食之既正晝如夜移時乃復　十三年秋旱蟲食粟盡　十五十六十七年旱荒饑疫相仍死者載道知府劉惠喬捐贖鹽稅漁課舊積以賑救貧民甲辰三月安仁地震十一月初九日夜大震　二十三年冬德興火焚居民數百家城門燬次日東隅火又次日復火一都五都八都同日火衆見火神繞城飛　二十四年三月鄱陽大風雨雹　二十六年郡城靈芝門民舍猪產子六一人形一象形一無耳目　二十八年春雷震府

學正殿秋地震　三十年五月大水漂溺廬舍先是浮梁有鄉民夜見水中躍出一物形如馬頭衆疑爲蛟云　二十一年鄱陽永平關有物如塊喘動作人啼笑聲擊之不能斃數日滅　三十二年十一月九日郡城地大震　三十六年五月大水舟行市中壞城郭廬舍同知詹軫光日坐小艇捐賑分賙之六月始平秋饑　三十八年三月浮梁北鄉朱村廟雷擊死男婦四人乃行竊及不孝者一時惡少頗悚惕云　四十年郡城水彌月不退次年亦然　四十一年三月浮梁疾風雨縣北五里小河舟壞溺死二十八人亦一時之變云　四十二年大旱饑斗米千錢　四十三年七月大風雨傾折

石坊三座大宗伯坊乙酉同升坊吳楚雄鎮坊　四十四年正月大雪深四五尺　四十六年樂平鮑源田中忽起一阜高數丈大里餘近山崩者甚衆自是歲多告民漸流亡

天啟元年訛言刷童女民間一時婚嫁殆盡　四年餘干大水

五年春饑米價騰貴

崇禎二年郡城民居火日數十發知府張有譽開水巷及西河以厭之冬大饑　四年十月地震　五年六月餘干德興地震　七年三月地震秋餘干大水害稼　八年饑斗米錢三百　九年春永平門扃無故自折德興大水饑夏大旱斗米千錢浮梁大饑斗米錢五百民有食土者　十年春雨木冰

有飛虎自西北來止鄱陽義倉前其狀虎頭鳥翼五月餘干大水漲縣治各鄉圩堤多潰　十一年餘干冕山夜有光次年光復見　十二年水湖中盜起商賈不通民大饑知府張允掄疏商并賑濟之　十六年德興雨黑黍形如苜蓿自秋及冬郡城屋瓦無故發聲鐵纛桿忽躍出座外五月餘干東山石崩壓壞民居九江道行署後石裂如刀劈數年復合

十七年餘干火沙家港一帶俱燬五月德興西河巨石自起立有聲如雷

國朝

順治二年德興雨木子形如茶實　三年自四月不雨至十有

一月　四年春大饑斗米錢數千實計銀一兩二錢　夏積雨大無麥民齧草根木實俱盡遂食土餓莩載道　五年春德興大雨雹六月大風拔木凡六日郡城坊表半折蛟水漂没民居無算雞生四翼四足浮梁蛟出溪水暴漲舟行城上漂溺人廬無算水退虎豹入城民饑斗米千錢　九年二月地震　十年三月樂平雨黑水四月大雨雹郡城有蛟自舊所堂起河中巨舟搠溺不可勝計紫極宮通明殿圮　十一年羣虎爲患有一村中至食人百餘者自是歷數年乃息餘干東山西南崩數丈三月雨雹大如斗牛羊遇之多斃　十二年十二月有飛火自城外入紫極宮燬是年三十八都史氏庄蓮池

內有一莖數花者經久不萎人以爲瑞因名其池曰瑞蓮源

十六年大旱　十八年餘干大水

康熙二年旱秋大雨每日辰長申退若潮汐然凡四十餘日三年有異鳥自西南飛來其羽五色羣鳥翼而隨之仰觀移時漸入雲際人疑爲鳳云　四年五年旱　六年春夏德興霪雨數月不止禾盡沒民大饑　七年二月大風雨屋瓦俱飛明已卯賓賢坊燬　八年冬郡境大雪深數尺旅客有凍死者六月望二日地震秋餘干湖水入市　十年夏六月不雨至十有一月泉盡竭鄱陽二十八都有潭深數丈至是水盡見底內有石刻洪武三年數字蓋三百年乃再見云郡人爭

汲水於河鬻以貿食山民採蕨澤民採菱芡而食之　十一年春草木實俱食盡民大饑顛仆者相望巡撫董公衛國捐穀六百石分賑貧民巡道賈廷蘭知府王澤洪暨別駕趙欐知縣鄧士傑參府楊鳴鳳鄉紳史彪古王用佐等各捐米有差作粥以食饑者人賴全活

康熙十三年五月霪雨連月六月大水城市行船時值督學科試歷前水深三尺生童跣足入塲從來所未見者秋無收饑歉甚　十四年春夏人民愁苦　十九年大水圩堤俱壞夏秋無收　二十年六月大水景鎮龍出船行樹杪沿河廬舍漂沒人民饑困　二十一年四月大水五月淼甚比萬歷三

十六年更大二尺　二十二年大水田地漂没人民困苦以上舊志　二十四年旱災蠲賑　二十五年夏安仁大水縣治皆浸舟從城上往來　二十九年夏旱傷禾　三十年春霪傷麥　三十一年七月初八巳午之交月見於東　三十二年秋雪　三十四年清明後八日極寒雪霰並集　三十七年二月郡城大雨雹瓦屋多碎　四十三年安仁大饑鄉民無賴者率饑民掠食官府嚴懲稍止　四十五年十月餘干地震安仁大饑民懼甚　五十三年夏五月大水萬年四鄉山崩泥沙塞田無算　五十四年秋大雨鄱陽同日山圮二十餘處利陽鎮寺山裂爲二　五十五年五月大水入郡治二

門城多傾圮舟行其上　五十八年鄱陽有異鳥止青湖夏姓園樹虎頭鈫色大如犢聲甚厲不畏彈射越三日始去　六十年秋大旱鄱陽東湖水熱如湯魚盡浮死七月初十日樂平城中大火延燒數百餘家　六十一年浮梁大饑民有食觀音土者（初窖出似石見風後軟如米粉味甘可食村民採以療饑）

雍正二年六月萬年縣城中大火民房店肆焚燬殆盡　三年秋旱郡城附郭民居火日數發民多攜囊槖什器露宿湖濱凡三月餘始復　四年三月鄱陽永平關火燔民居百有餘戶郡城樓燬　八年七月地震　十一年春三月初十浮梁鎮市都民魏經五妻李氏一產三男　十二年夏五月浮梁

大雨至十五日近河村莊廬舍湮沒無數城中俱成巨浸

乾隆二年鄱陽虎患大作歷數年始息計傷三百餘人　三年正月十一日鄱陽大風雹有大如拳者碎瓦屋殺鳥雀　四年冬燠除夕單衣夜半朔風大作元旦雨雪木冰　七年樂平牛大疫至十二年止　八年春大饑米價騰貴斗米銀三錢鄱東諸山竹生實如米漬之日得升許炊食之味如麥浮梁四鄉苦竹皆生米　九年夏餘干樂平大旱秋七月初六日洪水暴長樂平城南文明橋衝壞舟行城上漂棺骸無算十一月大雪嚴凍竹木皆枯死洲渚見雁多斃　十年鄱陽牛大疫有逼村皆斃者　十一年閏三月朔樂平大風牆屋

傾倒樹木皆拔　十二年春安仁洪水暴發坍壞橋梁萬年春融橋右岸衝决成港鄱陽永平關火　十三年餘干竹實　十四年五月萬年大饑村民乞取觀音土充食十月十三日巳時郡城青天雷震數聲　十五十六年春安仁大疫秋蟲害稼米價騰貴饑民載道　二十二年十月十四日夜戌時郡城地震勢若牆屋傾圮移時方定　二十三年鄱陽軒四里產黃牛並頭兩口三目　二十四年餘干自四月至七月越水凡三見樂平秋蟲害稼晚稻不登　二十六年十一月樂平樂安鄉貢生戴煜家祀田内產瑞粟一莖四穗　二十九年五月鄱城大水船滿街衢　三十一年三月餘干大雨雹五

月鄱陽大水至八月方退夏秋無收九月餘干地震　三十三年鄱陽餘干大水　三十四年鄱陽大水餘干上年旱下年水　十月初四先立冬六日大雪十二月二十日辰時地震　三十六年秋九月雪　四十六年餘干大旱冬柑結實　四十八年郡城大水撐舟入市餘干沖壞漕倉安仁大雨雹壞民廬舍　五十一年清明後六日大雪嚴凍　五十四年鄱陽餘干大水　五十五年秋九月樂平城中大火延燒二百餘家　五十七年三月初四日申時鄱陽大雨雹瓦屋皆碎黍麥無收　五十九年餘干大饑　六十年安仁大水

嘉慶元年餘干大水　二年郡城地震　三年六月鄱陽永平

闕火半月三發燔百餘家　七年夏四月旱至七月乃雨早稻枯死民饑乏食是歲各縣緩征　十二年十二月二十五日餘干有白氣蜿蜒如龍移時望空騰去　十四年春餘干大饑各鄉起捱延乞奉憲禁乃止　二十年十二月十九日夜餘干城中上關火延燒市鋪三百餘家　二十二年夏五月十二日樂平大風自西南來過黃灣等村崇垣大木衝拔無數人有見雲霧中龍尾者　二十四年芝草生於府治慶朔堂

道光二年春二月二十申時樂平地震有聲　三年自五月初八日雨至二十六日止大水至府治儀門階下街市行船各

鄉圩堤冲壞禾稼淹沒　五年春正月二十八日樂平廿德喜妻段氏一産三男妄仁烈風雷雨折壞民舍無數　六年五六月不雨高鄉歉收　十一年五月大水鄱陽餘干尤甚圩堤盡壞至八月水稍退斗米錢五百文　十二年春饑民於草中掘草根爲食秋餘干大疫　十三年大水　十四年鄱陽大水較十三年大三尺餘六月後旱高鄉晚稻歉收　十五年大旱自五月不雨至八月方雨先一月有蝗自楚北渡江來聲如潮湧所至食禾苗菜蔬松竹葉俱盡歲大饑　十六年春多蝗知府方傳穆出錢募民捕蝗復迎劉猛將軍神禱焉夏四月雨蝗乃死　十七年三月郡城大雨雹　十

八年郡城大水餘干及萬年西北鄉俱被水災　十九年鄱陽餘干大水圩堤盡壞鄉民有鬻賣兒女者　二十年鄱陽餘干大水樂平南東鄉有物如龍蜿蜒上騰河水沸立大風揚沙瓦屋皆震龍躍起天矯逕入雲去　二十一年大水　二十二年秋未穫霪雨不止穀多霉爛　二十四年大水十二月大雨雷震　二十八年大水秋九月樂平大疫　二十九年水患更大低鄉水浸屋檐磚牆多圮并有連屋爲水漂沒者

咸豐元年三月初十申刻浮梁狂風大雨雹七月太白晝經天西南方天鼓鳴　三年秋大水郡城久圮髮逆乘水入城　四

年三月郡城大雨雹十一月鄱陽浮梁同日川澤溢頃刻高數尺池波歘湧踰時水始平　五年六月有星晝見　六年春郡城東門外有兩頭蛇首具兩端見於德星橋茶肆　十年九月浮梁有星隕於石斛河大如箕十月初二申刻臧家灣等處天雨豆赤如灰初六日酉刻百思洋湖等村天雨血入地皆赤　十一年鄱陽饒干大水堤盡圮十二月二十七至除夕大雪寒甚河盡凍冰堅數尺上可行車合抱古木皆枯鳥獸多有凍死者

同治元年夏四月浮梁旱六月初四大水禾苗盡損斗米錢七百文二十七日鄱陽暴雨震電平地突起洪水西北諸山崩

近郡閣山亦崩有二巨蛇出其中　二年二月初九夜浮梁霏烏霜竹木霑之盡殞七月鄱陽被寇災各村大疫　三年五月樂平大水東鄉烏潭渡五洞大石橋盡圮　四年秋九月餘干桃李梅皆花十一月湖水暴長尺餘忽溢忽消如是者三次　六年鄱陽有異鳥巢於永福寺塔貓頭鷹爪目燗燗貓犬不敢近夜鳴嗚嗚是冬郡城外地震餘干瑞洪鎮火延燒四百餘家　七年五月鄱陽大水圩堤冲塌十九日萬年董源發蛟平地水深數尺衝入樂平南鄉漂去室廬洗沙壅塞田畝　八年三月樂平有虎踞睦樂唸經山村民恩起兄弟三人先後死於虎越數日始去五月鄱陽餘干大水圩

堤盡没　九年二月十五夜萬年雨雹大如拳瓦屋皆碎愚毆有遭投斃者五月鄱陽餘干大水圩堤盡壞古康瑞洪鎮火延燒二百餘家　十年三月十八日萬年北鄉與鄱陽連界一帶大雨雹

（清）王朝渠纂

# 【嘉慶】番郡璞録

清同治九年（1870）木活字本

# 番郡璅錄

## 錄祥異

漢永元十一年豫章餘汗得白鹿高丈九尺古今注

按述異記餘干縣有白鹿土人皆傳千年矣晉成帝遣捕得銅牌在角厥後唐天授咸通再見餘干習泰萬年等鄉俱稱白鹿宋咸平餘干萬春鄉獲異鹿青毛白紋明隆慶中吾邑許源界獲白鹿舊實餘干萬年鄉漢晉唐所見殆即一鹿耶觀咸平之毛青紋白至隆慶仍以白鹿稱爲歷久變化爲

種類留遺均難質語

鄱陽言白虎仁豫章書據宋書符瑞志作赤烏十一年江西通志因之府志赤烏九年

吳黃武中餘汗冠山前水漲暴生一洲其狀如蟹時長沙連歲饑權卜之曰餘汗蟹洲食其風氣使人斷其脊歲乃登（洽聞記）

赤烏十一年餘汗西隅古樟枯死明年復活（餘干志）

晉太康十年十一月木連理生鄱陽鄡鄉（宋書符瑞志）

元康四年十月白烏見鄱陽（同上通志据豫章書作秋七月）

太寧中建餘汗縣治時有白氣貫天餘干志

永和中太守王耆之所獻白兔冊府元龜作白鹿攷玉海永和十二年九月甲申白兎見鄱陽太守王耆之以獻並上頌一篇其爲兎審矣

義熙元年天鼓鳴餘干志

宋元嘉中餘汗漢梅鋗墓有紫氣薄天詔有司斷其脈作應天寺壓之同上注云唐時寺僧發之見鐵鋼穴而止僧皆吐血死

元嘉二十九年八月癸酉白鹿見鄱陽南中郎將武陵王煒以獻宋書符瑞志

齊永明八年餘汗縣獲白獐一頭齊書祥瑞志

十年鄱陽郡獻一角獸龍首鹿形龍鸞共色同上

陳光大元年夏餘汗疫先是有異人帶竹皮冠衣五色敝袍見人且笑且哭與人紅丸人多棄之及疫甚留丸者得活餘干志

唐貞觀十九年餘干古岡長松鶴生三雛一赤翎二白翎縣令顧錫獻之豫章書　邑志鶴作鸛

永徽元年六月大水下豫章書云溺死者數百人通志仍之

永徽中白鹿見樂安隋駙馬張蒙遊獵鄱口見之逐

至銀峰下遇神人得雙銀笋因以名門 德興志

總章二年樂安鄧公山銀寶見 同上

天授元年白鹿見餘干習善郎 豫章書

元和七年五月饒州暴水文獻通考

元和十一年饒州刺史奏浮梁樂平二縣五月內暴雨水溢漂失四千七百戸溺死者一百七十人 舊唐書 綱目列九月

寶歷二年餘干漢族亭侯張遐墓有豫樟古藤盤其上夜紫氣護之太史奏爲天子氣遣伐之 餘干志

太和初五彩山吳遹嘗洗馬於陂一日風雨晦暝羣馬奔逸一牝與龍交明年生赤駒高九尺長一丈日行千里遹獻之其地今名馬橋同上

咸通七年白鹿見餘干萬年鄉以獻豫章書　按邑志時年獲白兎五獻之未知即一事否

乾符六年歲星入南斗魁中餘干志

後唐天成元年餘干習善鄉獲白鹿獻之同上　此與豫章書所紀天授元年事疑即一條

宋咸平中白雀二見餘干福應鄉異鹿見餘干萬春

鄉毛青如荷葉文白如梅花時知縣吳在木有異政豫章書　邑志未有獻之二字

大中祥符二年春三月獻芝草四本六年夏四月承天院東山生紫芝之四本蓮葉同上

景祐三年旱樂平志

嘉祐元年浮梁鄭夢龍園池生荷花一蒂雙萼吳氏能改齋漫錄

熙寧三年宋史作元豐三年味辛香下宋史有土人以爲桂子又曰菩提子明道中嘗有之通志及浮

梁志俱采宋史而年則仍列熙寧

元豐八年禾異畝同穎〔宋史五行志〕

建炎紀元只四年府志及鄱陽志以妖鳥事列二十

七年殊欠考覈故通志據豫章書作紹興

紹興三年樂平旱〔豫章書〕

紹興中餘干萬春鄉史本爻死廬墓廬畔產芝〔萬年志〕

乾道四年賑饒州米三萬石〔續通考〕

七年賑饒州饑上因覽知州王秬賑濟條畫言饑歲

民多遺棄小兒命付諸路收養如錢物不足可具

奏來於內藏支降同上

是年饒州旱措畫義倉米八萬石又撥附近州縣義倉五萬石併截留上供米二千石并立賞格勸諭出粟荒政考畧

九年浮梁大水豫章書

按宋史五行志水漂民居壞圩湮田在是年五月府志鄱陽志俱作隆興九年考隆興紀元只二年何不審乃爾

淳熙元年六月大雷震犬於市之旋舍宋史五行志

七年旱宋史

九年賑饒州饑續通考

是年春德興縣民家有鏡自飛舞與日光相射豫章書

十四年五月旱下豫章書云給度僧牒鬻以糴米備賑鄱陽志采之

十五年五月戊午祁門縣暴漲大水漂田禾廬舍冢墓桑麻人畜什六七浮尸甚衆餘害及浮梁縣六月鄱湖水溢鄱陽縣漂民舍田稼有流徙者宋史五行

志

紹熙五年水豫章書

慶元元年樂平民產子人體有尾又民家生數豚而首各備他獸形亦有人首者更具他獸蹄同上

是年五月大雨七晝夜江湖皆溢水入城者過六尺鄱陽浮梁尤甚夷堅志丙下

是年八月樂平蚕霜黍稻皆枯死樂平志

三年餘干民家豕生八豚二成鹿餘干志

是年樂平田家牛生犢一角麟身肉尾農以不祥

殺之或惜其爲麟同縣萬山牛生犢人首德興縣

羣狐入民舍豫章書

開禧三年五月浮梁大水通志　按府志誤作九年開禧紀元只三年

嘉定八年樂平旱同上

九年五月大水豫章書云流田廬害稼

紹定中州學宣聖殿產芝之二一本黃房紫萼十二層十

六葉通志

端平中餘干水旱洊至民多饑死又大疫知縣馬光

祖乞賑免租餘干志

是時安仁縣北一都巖下日滴乳香凝結如玉經

年乃止安仁志

嘉熙元年水宋史五行志

三年詔出封椿庫祠牒三百道下江東賑饒信南康

旱傷之民續通考

淳祐元年甘露三降餘干孝子劉泌家梅樹通志

十一年旱宋史五行志

寶祐元年七月大水同上

咸淳元年夏六月十四日浮梁水暴漲頭刻丈餘浮梁

元元貞元年夏五月鄱陽餘干水豫章書

大德元年六月初五大雨父老云百八十年無此水吳仲退徐松巢皆有詩紀其事五先生集此與府志五月大雷雨龍出當郎一事

二年正月饒池等處水弛澤梁之禁聽民採捕成宗本紀

六年夏六月饒州大饑通志

按續通考是年七月賑饒州饑又續宏簡錄是歲賑浙江饒州糧二十九萬一千石

大德中餘干習泰鄉章雲西齋生竹一本三幹 同上

延祐七年五月鄱陽進嘉禾一莖六穗 豫章書

至治二年鄱陽產麥兩歧禾六穟總管王都中以獻 鄱陽志

天歷二年秋八月旱 豫章書 按餘干志是年賑貸當即元年事故文法相類

元統元年冬十二月德興餘干樂平地震 同上 府志只言餘干且云十一月

至元元年冬十二月地震 同上 六年夏浮梁大水 浮梁志

至正十一年十一月鄱陽雨菽豆郡邑有民取而食之續通考與府志雜子當卽一事續宏簡錄在十月

十二年夏大旱元史五行志

是年德興饑大疫死者三之二德興志

十三年夏大旱豫章書

是歲大疫見元史五行志五月餘干雨血沾物皆腥見餘干志

十四年春大饑人相食元史五行志

十八年二月三夜星隕康郎湖中通志再見於二十

三年府志合爲一事

吳乙巳四月餘干溪雨至六月大水入城牲畜漂至十月乃降餘干志按下文謂是年知州侯斌遇害則覸通志府志列於洪武二年者歲月自必較確

明建文二年大水豫章書

永樂元年芝草生樂平同上樂平志謂四月營造大監董某經樂平見靈芝謂邑令張彥芳德政所致有記

是歲春夏浮梁大雨水溢城郭浸民居之半浮梁志

二年餘干大水舟行樹杪餘干志

浮梁饑浮梁志

安仁大水衙舍盡圮惟文書庫及東西房存安仁志

八年餘干旱大饑餘干志

十二年夏浮梁大雨水溢不及元年五尺浮梁志

是歲德興學宮化龍池開並頭蓮德興志按下云其明年登第者三人考選舉志自永樂二年甲申榜至十三年乙未陳循榜德興孫原貞張彥昺蔣忠諫三人同科故定爲是歲

永樂中安仁十四都黃友成於石巖得仙壜二備五色類磁器邑人御史董克讓上其事取赴京師賞

友成鈔八十貫安仁志

宣德四年鄱陽火豫章書

八年大水通志

正統七年鄱陽民顧勵妻夏氏一乳生三子郡縣以聞詔賜粟帛復其家鄱陽志

成化七年德興歲寒崖生靈芝二本五色粲然德興志下云明年張憲孫需同登第故定爲是年志作景泰誤

成化九年鄱陽火豫章書

十年餘干大水同上

宏治元年十月樂平雷大鳴擊

樹木樂平志

宏治十二年餘干火同上

十五年八月十三夜樂平地震縣志云房屋搖曳雞

驚鳴通志列十六年

是年浮梁蘆田人宰牛破其腹有物類犀形頭角

足尾皆具體堅碎珠裹之浮梁志

十六年冬十一月浮梁北隅葉軒家豕產一子類象

踰時死同上

正德元年餘干梅港青湖水忽紅濁越三日如故餘干

志

三年八月後港蘿蔔萊葉如劍如旗油菜結四實如鳥狀豫章書

四年冬十二月初一日樂平大雪苦寒連日草木皆死有經春不復生者蔬菜盡死民饉尤甚樂平志

七年三月餘干仙居寨夜大雷電以西北風有火箭墮旗竿上如燈籠光照四野戍卒因撼動其旗火直飛上竿首卒因發銃衝之其火四散闔寨鎗首皆有光如星須臾滅豫章書

五月戊辰雷震餘干萬春寨旗杆狀如刀劈明史五行志

八月浮梁又雨雹小者如卵大者如瓜壞民居田稼牛羊多死傷浮梁志府志僅紀三月通志誤列八年

是年餘干雨黑黍餘干志

八年十月壬寅饒州及浮梁火各燔五百餘家浮梁學舍災明史

是冬苦寒草木皆死豫章書

九年八月朔日食星晝見鷄犬皆驚河魚跳躍餘干志

十年餘干火延燒官署及民居數百家同上

十一年八月朔夜餘干大風拔木壞屋禽鳥折翅同上

十二年三月夜餘干地震同上 明史云四月甲子

七月十七日樂平六都趙家堂中血自土湧出樂平志

十三年十月一熊自樂平西門入市獲之同上

十四年四月鄱陽湖蛟龍鬭明史

六月浮梁北隅閔壽佃家產一牛二首二尾六足浮梁志

十五年三月萬年南石鋪田隴中多兩岐瑞麥萬年志

是年餘干大水訛言雞鴨生鱗爪能殺人鄉村殺鷄鴨殆盡餘干志

十六年六月鄱陽大水鄱陽志

正德中德興馬鞍山塘開紫蓮花因以名塘德興志

嘉靖元年餘干正月不雨至五月淫雨浹旬洪水害稼衝沒民居冬大饑民死者衆餘干志

二年鄱陽大饑春夏餘干大疫冬十二月除夕風雪大作平地須臾尺餘飀入民居燈燭皆滅行李凍

死相枕藉至元旦下午方止通志

五年大旱同上

八年水同上

十二年夏四月大水同上

十九年安仁大饑安仁志

秋八月浮梁大水景德鎮饑民亂巡撫王暐尋撫定之豫章書 按汪柏上王巡撫書云浮梁今歲不幸大水驟至糴以樂平遊民之歐又百七十年所無幸賊專意於景德鎮鎮之人衆足以相當又据險寨賊戰不利知上司來逡巡去耳據此則倡亂者係樂平人

二十年六月樂平浮梁饑民讐殺同上删節

二十五年夏四月二日浮梁學泮池及鵲橋下養生池中產蛙千萬頭擁溢滿地明日無存是年鄉榜中十一人成進士者八名人以爲先光浮梁志

二十七年浮梁大疫三月八日西山觀前圳溝中湧出巨蝦無數背光照夜如晝或取至家光不滅明日始殁同上

二十九年二月浮梁里仁都黄瑩三五家火鑪熾炭烹茶瓶後生蓮花一枝六瓣内黑紅外白長六七

寸同上

三十年四月十九日浮梁里仁都曹旭二家火爐瓶後亦生蓮花同上

三十一年四月不雨至九月舊府志

三十四年秋八月浮梁水溢入城學宮門壞浮梁志

四十年蟲樂平蟲食松葉木立枯死樂平志

四十三年春德興禮殿柱産靈芝色紅黄文綺相錯其秋領鄉薦者三人祝眉壽爲元德興志

嘉靖中德興産白兎目赤如丹馴擾依人知縣許公

高賦詩都御史戴儒爲記同上

隆慶元年訛言刷童女一時婚嫁殆盡鄱陽志

十二月餘干冕山夜有光一帶如燈俗謂金龍船見餘干志

二年冬德興雨雹牛馬死德興志

三年十二月餘干木冰五日方解餘干志

四年三月萬年獲白鹿於許源界甚馴狎色如玉萬年志

五年火災詔命有司賑濟如例續通考

萬歷元年冬餘干冕山夜光見餘干志

四年八月夜餘干萬年天鼓鳴火光燭地餘干萬年二縣志

六年三月餘干萬年大水同上

七年冬餘干大水餘干志

九年修康山忠臣廟廟前有古槐大合圍中空外枯

至是枝葉復茂同上

十年餘干萬年饑民流移餘干萬年志

十四十五二年樂平蟲食松葉殆盡樂平志

十六年四月餘干水横流壞圩堤漂廬舍人多溺死

饑大疫斗粟百錢死傷載道餘干志
安仁二十四都范姓當出血水三日乃止安仁志
十七年餘干火城中燒燬數百餘家延及儀門九江
道廨餘干志
是時連年大饑浮梁民有草食者德興民食土安
仁餓死者以千計俱見各縣志
十八年安仁大旱瘟疫時行斗米千錢民半餓死安仁
志
二十四年九月立冬後樂平雷雨大作樂平志

二十六年餘干萬年旱並見二縣志

三十年六月十三日午後樂平忽雷雨大作平地水深四尺漂没禾稼尋復晴霽十五日復如之鮑源田中倐起一阜高數丈大里餘近地高山崩瀉者無算自是人民多災眚死亡年穀多不登樂平志府志列

四十六年

三十一年餘干大水潰西津壞各鄉圩堤侍御田畛捐俸修築餘干志

萬年大水萬年志

三十七年安仁大水安仁志

天啟元年萬年大水壞民居禾稼漂畜產崩橋梁圩堤無算萬年志

三年安仁大水五六月大旱安仁志

六年浮梁西隅火自縣治前至大寺焚民房數百家會元解元二坊及會元樓俱燬浮梁志

崇禎四年七月安仁地震安仁志 按通志亦云是年七月十八日南昌及各府地震十月又震府志止及十月

五年六月晝萬年地震萬年志 府志只及餘干德興

六年浮梁積雪自十月至次年正月行李斷絕凍餒死者無算 浮梁志

七年大水害稼 通志 府志只及餘干

八年夏五月十二日浮梁大水南門城堞幾沒十三日復漲高三尺禾苗盡湮 浮梁志

七月餘干李梅家彘生二象 餘干志

是歲餘干萬年志並云饑斗米二百文

九年餘干斗米百錢人多死 餘干志 百上疑有遺字

是歲安仁志亦云大饑石穀八錢浮梁志斗米銀

三錢六分府志浮梁斗米錢五百郡城斗米二錢足見一時市價銀錢貴賤之參差不獨今昔情事懸殊也

春二月浮梁大風雨西隅曹煜坊南隅曹天祐坊儒學前總馬聯鑣青雲接武二坊石項皆飛去無迹浮梁志

十三年秋餘干大水漂没稻穀餘干志

十四年餘干萬年饑二縣志 樂平闔邑火樂平志

十五年餘干萬年饑同上

十六年夏四月浮梁有獸似鹿而小由東門入城居民撲死市中兩目下復有兩目或云麏或云麋占曰野獸入城邑市爲墟其後城内斷烟火數年浮梁志

五月餘干迎賓館土地神吐煙三日餘干志

國朝順治四年餘干斗米千二百文樂平斗米一兩三錢浮梁斗米千錢德興斗米一金安仁牛種俱絕民無耕具斗米值錢二千萬年斗米千五百文見各縣志　德興所稱一金當即指銀一兩

五年大饑荒亂相繼人民離散奉　文錢糧徵半萬年志

餘干疫餘干志

是年戊子至庚寅三年安仁虎豹縱横食人無算安仁志

八年四月樂平大風拔木無算樂平志

五月浮梁大水浮梁志

九年浮梁虎穴西隅塔下今漕倉地自城壞虎頻入及是踞爲穴傷人畜甚多署縣事同知許兆祥募捕不

息康熙初蕭令蘊樞築城完固患始絶同上

十年四月樂平雨大雹折木損麥至有碎瓦覆木及傷人者萬年雹大如拳壞屋瓦壓菜麥狂風拔木兩縣志

十二年餘干萬年旱同上

四月餘干冕山夜光見餘干志

十八年秋餘干旱同上

康熙元年大旱奉文錢糧扣免二分德興安仁萬年三縣志

是年冬餘干凍甚異常餘干志

二年秋餘干大水漲入縣治害稼德興亦水俱奉

文免錢糧十之三安仁萬年俱以扣旱免俱各縣志

三年冬安仁大雪冰凍樹木皆折安仁志

自是至六年俱以水旱奉　文錢粮扣免十分之

三各縣志

八年正月餘干冤山夜光見餘干志

十月二十日巳時鄱陽虹見於北殷雷是夜雷風大

作閃電鄱陽志

是歲以旱災奉　文錢糧扣免三分安仁萬年志

九年六月六日鄱陽橋頭山晝晦黄塵蔽天三里許大雨雪色甚黄樹林茅屋皆積鄱陽志

是年冬大雪深數尺行旅有凍死者通志及餘干府志在八年浮梁志

十年大旱彌望赤地米價騰湧奉文錢糧扣免三分安仁德興萬年志

十一年春餘干麥熟民雖饑不害餘干志

浮梁大饑民掘葛蕨以食夏蓮荷塘出並頭蓮最多先是冬旱塘涸土人取藕殆盡方慮花損及是

較前特盛一時豔之浮梁志

德興春饑穀一石八錢秋大熟穀價減三之一德興志

四月安仁萬年有物如紅布長丈餘日未出時自東越西其末有白氣如練鏗然有聲所過火光燭地踰時沒秋大疫二縣志安仁志無其末以上及鏗然有聲等文

十二年德興大有年一金易穀五石德興志

十三年各邑志俱云洪水異常汎濫城市漂沒田廬禾稼無算唯德興志未及

四月樂平縣城隍神像自墜扶起顛躓如前五月西
城門鎖有聲如吼自開王縣令置小鎖橫錮其鎖
復開 樂平志

十五年五月餘干大水 餘干志

安仁大疫時行流殍盈道 安仁志

十六年安仁萬年大旱初蒙 部議蠲賦十之三又
奉 文兵燹之後准蠲丁缺田荒賦稅十分之七
兩縣志 他邑志無可考故止稱安仁萬年

十七年安仁萬年大旱奉文准免額賦三分又准蠲

丁鈌田荒銀米十之五同上

十八年安仁萬年旱奉　文免額賦三分仍蠲荒鈌五分同上

戊午十一月流星自樂平東南飛墜有聲如雷樂平志補前年

十九年三月三十日白晝黑雲從餘干西北起烈風雷雨摧倒縣堂其餘磚墻樹木傾頹無數壓傷人物五月水壞西津圩十一月西方有星光鋩形如匹布餘干志

五月初六日樂平大風自西南來官署民舍屋瓦皆飛牌坊墻壁傾塌無數樂平志

樂平白水池開並頭蓮十餘枝同上

是年德興水火甫出民無粒食奉　文免額賦十之七縣苦難民並行賑濟德興志

安仁萬年准蠲丁缺田荒三分兩縣志

二十年春夏餘干久雨五月洪水漲入縣治城垣傾圮四鄉圩堤多潰秋大旱虎出沿村傷人連年不息餘干志

是年慧星見西方長數十丈月餘始沒德興安仁萬年三志

二十一年三月餘干烈風暴雨房屋樹木折壞無算八月有星見西北方光鋩射東南初長一二尺後長至丈餘越廿餘日方沒餘干志 按安萬志亦云慧星復見但安志七月始沒萬志凡七日沒則互相參錯

德興洪水大漲山崩地折漂流廬舍衝壞田畝數千畝縣前和風橋圮德興志

是歲五月萬年五都高峰嶺一日風雨晦冥勢若震動有聲如雷須臾山崩數十丈雲霧中恍惚有

物頭角尾爪俱現憑水而去原溼漂沒過半蓋蛟出云萬年志

二十二年餘干旱餘干志

德興雨暘時若西成少實民苦穀賤金貴難以運活時稱半稔德興志

二十四年鄱陽樂平旱災蠲賑通志

二十五年夏安仁大水縣治皆没舟從城上往來安仁志

二十九年夏鄱陽旱傷禾鄱陽志

三十年春鄱陽霪雨傷麥民間有月餘不穀食者同上

三十一年七月初八巳午間鄱陽月見於東同上

三十二年秋鄱陽雪同上

三十四年清明後八日極寒鄱陽雪霰並集同上

三十七年二月四日鄱陽大雨雹屋瓦多碎同上

三十八年安仁大水安仁志

四十二年安仁饑同上

四十三年安仁大饑鄉民不逞者率饑民掠食官府嚴懲少止同上

四十五年安仁米價踴貴民兇懼官爲設法賑恤始
少蘇同上
四十九年秋安仁大水漂沒廬舍田閒禾穫未盡者
悉漂去同上
五十一年秋樂平大有樂平志
五十三年夏五月淫雨連旬大水湮沒禾稼安仁舟
行城上萬年四鄉山崩泥沙塞田無算秋大旱冬
大凍月餘不解木盡枯樂平安仁萬年志
五十四年秋鄱陽大雨同日山圮二十餘處利陽鎮

寺山裂爲二鄱陽志

五十五年五月大水入郡治二門城多傾圮舟行其上鄱陽樂平志

五十八年異鳥止鄱陽青湖夏姓園樹虎頭駁色大如犢聲甚厲不畏彈射越三日始去鄱陽志

五十九年樂平大有樂平志

六十年大旱自夏至秋末始雨東湖水熱如湯魚盡浮死晚稻顆粒無收鄱樂浮安萬五縣志按鄱志僅言秋大旱浮志言六月不雨至八月萬志四月初至八月初始雨惟安志自夏至秋末始雨但通志是年大有則安志所云

題請蠲租放賑似宜更覈

是年七月初十日樂平城中大火晝夜延燒數百餘家樂平志

六十一年浮梁民饑有穵觀音土於邑東庫源嶺馬箕坳食之者浮梁志是歲通志亦云大有

是歲樂平大有樂平志

雍正二年六月盡萬年城中居民失火民房店肆焚燬殆盡萬年志

三年秋鄱陽萬年旱郡城附郭居民火日數發民多

攜囊槖什器露宿湖濱三月餘始復二縣志

是歲樂平大有樂平志　通志亦云大有

四年三月郡城永平關火燔民居百有餘戶城樓燬鄱陽志

六年安仁大旱成災邑令張廣居通報奉　文放賑蠲免糧銀二千五百兩有奇通志及安仁志

八年七月鄱陽萬年地震兩邑志　安仁志列七年

是年樂平大有樂平志　通志亦云大有

九年樂平大有同上通志亦同

十一年春三月初十浮梁鎮市都民魏經五妻李氏一產三男浮梁志

夏安仁米價騰貴每小斛一石至錢八百安仁志

十二月夏五月浮梁十三日大雨至十五日近河村莊湮沒廬舍無數城北門東門戊己門俱成巨浸浮梁志

乾隆二年鄱陽虎患大作歷數年始息計傷三百餘人鄱陽志

三年正月十一日鄱陽大風雨雹有大如拳者碎屋

瓦殺鳥雀同上

四年冬燠除夕單衣就浴夜半朔風大作元旦雨雪木盡冰鄱陽安仁萬年志

七年樂平安仁牛大疫二縣志樂平志云至十二年未止

八年春府城大饑米價騰貴斗米銀三錢鄱東諸山竹生實如米民采之日得升許炊食味如麥鄱陽志

四月十三日大雨淋漓至夜水驟溢較雍正甲寅小三尺是歲大饑米賣三兩二錢一石四鄉苦竹皆生米浮梁志

夏安仁大饑鄉斛小斗米一斗至錢二百文民有食土者食之多死安仁志

冬十二月樂平西北方有星出白氣如練直指東方至次年正月中旬始退樂平志安仁志十一月慧星見西方

九年夏樂平大旱安仁大水舟從城上過民多漂沒廬舍七月初六日樂平陰雨不止至晚洪水暴漲衝壞城南文明橋舟行城上水勢洶湧漂流棺體無算沿河村庄廬舍盡沒人畜淹斃田畝損傷知縣陳訥通詳奉

旨蠲賑兩縣志

十一月鄱陽萬年大雪嚴凍竹與樟皆枯死洲渚

鳧鴈多斃二縣志樂安二志列十年冬當即一

事故不複者

十年牛大疫鄱陽有通邨皆斃者鄱陽樂平萬年志

十一年安仁牛大疫安仁志

閏三月朔樂平大風墻屋樹木傾拔甚多樂平志

十二年郡城永平關火鄱陽志

三月安仁春水暴發坍壞橋梁廬舍甚夥萬年竹

屯河水暴漲春融橋右岸衝決成港淹五星橋常

平倉積穀溼十之三二縣志

十三年樂平大有樂平志

十四年正月廿二酉刻安仁大風雨雹發屋拔木壞廬舍民多壓死四月二日大水平地水深丈餘橋梁廬頹殆盡上清河發水損沒田廬無算河水流尸不勝掩埋安仁志

十五年春大疫時行秋蟲食晚稻冬牛大疫有合村俱斃者同上

十六年樂平夏秋連旱無收安仁牛仍大疫夏大饑

米價騰貴鄉斛小斗穀一石制錢千文復大旱流亡盈道二縣志

十七年樂平大饑民有餓死者樂平志

二十一年十月十六日甲夜浮梁地震有聲如雷浮梁志

二十五年五月虎入浮梁南門城官卒軍民逐之三入三出傷於爪者數人力疲渡河爲駕舟人擊斃同上

二十七年正月二十七日浮梁縣署大堂庫房災志

板盡燬同上

二十九年浮梁自正月下雨至六月初三始止同上

鄱陽餘干大水奉　文賑恤

三十三年秋旱時有暗割人辮髮者謠言頗滋後卒

無恙

三十七年七月萬年久旱望雨忽午後大雨傾盆丙

夜方住山水陡發漂廬舍淹人口次日黎明即消

舟有停滯山麓者

三十九年九月十七日浮梁雨雪色黃次年五穀倍

四十年六月初七日大水入浮梁城較乾隆八年水大一尺餘同上　是年秋彗星見

登浮梁志

四十三年夏旱

四十四年四月十二日浮梁南鄉大水浮梁志

四十五年六月十一日浮梁西鄉大水同上

四十六年夏旱

四十九年九月大雪寒甚行旅有僵斃者

五十年夏大旱

五十一年春米價騰貴民饑

五十三年五月淫雨連綿祁門山水大發積尸漂至

饒河甚夥

五十八年七月初各縣山水大發沖塌廬舍田畝無

算

嘉慶七年六月大旱奉　文緩徵

十年春米價昂貴斗米四五百文

十一年秋旱

十二年夏秋大旱田有未種及稞粒無收者是二歲

雜糧頗稔
十三年夏大饑民食觀音土秋鄱陽餘干大水
十四年五月萬年大饑新進歸桂等鄉由石鎭買米
接濟秋旱

# 【同治】鄱陽縣志

（清）陳志培修　（清）王廷鑑等纂

清同治十年（1871）刻本

# 鄱陽縣志卷之二十一

## 雜志

範陳九疇史志五行德臻符瑞咎告災祲用古物候實厘民生盛衰倚伏舒慘相乘地居衝要歷代戰爭道場薦福仙壇棲真吹笛踞塔鑄鐘製銘鍊丹證果擲鉢傳燈化鶴不返眠牛足徵穆然憑吊山高水深作雜志

雜志一　災祥　事考

### 災祥

吳黃武元年三月鄱陽言黃龍見三國志

赤烏三年十一月饑十一年五月鄱陽言白虎仁三國志

晉元康四年秋七月白烏見

太康十年十一月木連理生鄱陽鄡鄉

太興元年七月四星聚於牽牛又枯樟更生內史王廙疏聞

永和十二年九月甲申白兔見太守王耆之以獻并上頌

（宋）元嘉二十九年秋八月癸酉白鹿見鄱陽南中郎將武陵王煒以獻 宋書

（齊）永明十年獻一角獸首鹿形龍鸞共色 南齊書

（陳）永定三年四月蝗旱

（唐）永徽元年六月大水溺死數百人 唐書

顯慶元年十一月己巳火 唐書

貞元十一年六月暴雨水溢城郭壞漂没數千家

元和七年五月山水暴漲壞廬舍十一年大水漂失四千七百戶 舊唐書

（宋）大平興國二年獲六目龜以獻

祥符二年二月饒州獻芝草四本三年閏二月饒州芝草生

六年夏四月承天院山東生紫芝四本連葉

天喜元年夏四月竹生穗如米

熙寧元年夏六月己未長山雨木子數畝狀類山芋子味香

而辛土人以爲桂子又曰菩提子是年大稔

元豐元年旱八年饒州禾合穗或異畝同穎

建炎二十七年有妖鳥鳧身雞尾長喙方足赤目止民屋數

日彈矢不能中

紹興四年江西九州三十七縣皆水六年冬雨水壞城郭四

百六十餘丈七年饒州水壞城九年饑斗米千錢十四年

旱二十一年石門張鏞家離竹生重萼牡丹又城中汪念

一家竈鼎生金色蓮花

隆興四年秋七月饒信水六年五月又大水七年夏秋旱首
種不入冬不雨九年五月水圯民居壞田圩沙塞四百餘
畝

乾道元年永甯寺池前枯木化爲龍飛去四年大水饑民嘯
聚遣官措置賑濟五年饑民多流徙朝命留上供米三萬
石以備賑糶六年春旱至冬不雨大饑七年饑人食草實
多流徙遺孩滿道賑之不給詔立勸分賞格内出左帑增
賑收育弃兒九年大水漂民居壞圩湮田

純熙元年六月大雷震市犬七年大旱八年正月至十一月
不雨民大饑流入淮郡者萬餘人詔罷守臣十年南鄉民
產子兩肘有三臂長能鬬六臂竝運後不知所終十四年
五月旱給僧度牒鬻以糶米備賑

紹熙四年民間二小鼠食牛角三徙牛卒不免角穿肉瘠以斃是年水五年水

慶元元年夏五月中旬間饒州大雨七晝夜江湖皆溢水入城者過六尺鄱陽浮梁尤甚三年壘舍雞卵出蛇五年水賑之六年水自庚午至於甲戌漂民廬害稼賑之

嘉定九年五月大水害稼壞廬舍十年饑剽盜起

紹定間産芝二本黄房紫蕚十二層十六葉在饒州學宮

嘉熙元年水四年大旱蝗十一年水

純祐十一年旱十二年六月淫雨水漲溺者無算

寶祐元年六月旱七月大水

德祐元年饑詔免今年田租以上俱見宋史

(元)至元十四年大饑人相食二十九年饒民艱食發粟賑之

元貞元年夏五月大水豫章書

大德元年五月大雷雨山澤龍出舟行樹杪漂没居民至九月未退二年水發臨江路糧以賑仍弛澤梁之禁聽民漁采六年夏六月大饑賑

延祐二年夏大雨彌月城郭居民没者半七年進嘉禾一莖六穗

至治二年產麥兩岐禾六穗總管王都中以獻三年春恒雨三月浹月大水浸民居

泰定二年饑賑以宋董煟所編救荒活民書頒州縣

天歷元年大旱饑命有司賑貸二年八月旱

至順元年六月饑命有司賑之

元統二年冬溫霹靂大雨草木花雨黑黍大如豆

後至元元年冬十月地震

至正十年有二大鹿市人爭逐之雄觸死雌悲鳴亦死冬溫霹靂大雨草木葉天雨黑子如黍麥元史十一年十月雨菽豆舊志作雨檵子大如黍黑赤色郡邑民多取而食之十三年大旱疫十四年大饑兵亂男女殍死者人爭食之以上俱見元史二十三年二月三夜枉矢星隕於鄱陽湖曳燄如帚

明洪武二年霪雨四月至六月城中水深丈餘冬始平城多傾圮

建文二年大水豫章書

永樂元年秋蝗旱二年正月四日大雷雨積潦至五月七日惡風作水漲城中深二丈許漂廬舍溺死者以數千計壞圩堤五百餘丈七月始平民大饑斗米值寶鈔二十貫四

年溪水暴漲壞城垣房舍溺死人畜甚衆明史十年四月大水十四年七月暴雨山穴蛟出水溢沙石塞田不可耕者十之三

洪熙元年二月地大震秋七月又大震河水盈蕩屋瓦有聲

宣德元年八月火燬民舍千數通志作四年火六年水大饑八年大水

正統五年七月大火延燒三千八百四十二家七年民顧勵妻夏氏一乳生子三郡縣以聞詔賜粟帛復其家

成化元年大水九年鄱陽火

正德二年秋八月後港蘿蔔菜葉如劍如旗油菜結四實如鳥狀豫章書八年冬嚴寒草木皆死十月壬寅火燔五百餘家明史十四年鄱陽湖蛟龍鬬明史十六年六月大水

嘉靖元年五月大水市上行舟六月大風拔木二年大饑冬十二月除夕風雪大作平地須臾尺餘飄入民居燈燭皆滅行李凍死相枕藉至元旦下午方止五年大旱五月夜虎入城及順昌王府前命力士搏殺之八年水十二年大水十八年大水二十三年旱大饑二十四年旱大饑三十一年四月不雨至九月三十五年水三十七年獲白鹿府志作白兔四十年獲白雁四十一年水四十二年蠙洲有牛腹大異常忽雷電遶其身産犢如駒鱗角俱具後莫知所往

隆慶元年訛言刷童女一時婚嫁殆盡

萬歷三年旱饑是年夏日食既晝如黑夜移時乃復七年八年皆旱十三年秋旱蟲食粟盡十五年十六年十七年旱

饑疫相繼死者載道米價騰貴知府劉惠裔捐贖及鹽稅魚課舊例之公費盡以贍救貧民二十四年三月大風雨雹夏水二十六年大水靈芝門民舍猪產子六一人形一象形一無耳目池水湧數尺高二十八年春雷震府學正殿秋地震三十年夏大水冬旱三十一年永平關有物如塊喘動作人啼笑聲擊之不能斃數日滅三十二年十一月九日地大震三十六年五月大水舟行市上壞城郭廬舍水時同知詹軫光日坐小艇家至人問捐贖費輕重分哺之六月始平秋饑四十一年五月大水舟行市上壞城郭廬舍較三十六年尤甚民多饑死四十二年五月大水與先年同四十三年七月大風雨折文宗方伯乙酉同升吳楚雄鎮三坊四十四年正月大雪深四五尺

天啟元年訛言刷童女民間一時婚嫁殆盡五年春饑米價騰貴

崇禎二年秋七月郡城民居火日數十發知府張有譽開水巷及西河以厭之冬大饑四年六月地震十月地震七年三月地震夏大水害稼九年春永平門扃無故自折夏大旱斗米銀二錢十年春雨大冰有飛虎自西北來止義倉前其狀虎頭鳥翼五月大水十二年水湖中盜起商賈不通民大饑知府張九掄疏商并賑之十六年自秋及冬郡城屋瓦無故發聲鐵纛桿忽躍出座外

國朝順治三年自四月不雨至十有一月四年春大水饑斗米錢數千實計銀一兩二錢夏積雨大無麥民齧草根木實俱盡遂食土饑莩載道五年六月大風拔木凡六日城內

坊表半折蛟水大作漂没民居無算雞生四翼四足九年
二月地震十年四月大雨雹有蛟自舊所堂中起河中巨
舟翻溺不可勝計紫極宮通明殿圮十一年民間譌言採
童女孀婦婚嫁殆盡羣虎爲患有一村中食人百餘者歷
數年方息十二年十二月有飛火自城外入紫極宮燬十
六年大旱十八年大水
康熙元年旱二年秋大水每日辰漲申退若潮汐然凡四十
餘日三年有異鳥自西南飛來其羽五彩有冠有鬚羣鳥
翼而隨之移時滅入雲際四年五年皆旱六年冬大雨雹
傷物七年二月大風雨屋瓦俱飛明己卯賓賢坊毁六月
十七日地震八年六月望後二日地震十月二十日巳時
虹見於北殷雷是夜雷風大作閃電九年六月六日橋頭

山晝晦黃塵蔽天三里許大雨雪色甚黃樹林茅屋皆積十年夏六月不雨至十有一月泉盡竭二十八都有潭深數丈至是見底內有石刻洪武三年見此六字十一年春民大饑草木實俱食盡顛仆者相望廵道賈廷蘭别駕趙欑捐米分賑十三年五月霪雨六月大水城市行船時科試厰前水深三尺生童跣足入場十七八年旱十九年大水圩堤俱壞夏秋無收二十年六月大水沿河廬舍漂没城中往來以舟米價騰貴二十一年六月水較萬歷三十六年大二尺八十老人云目所未覩二十二年大水田地漂没人民困乏二十四年旱災蠲賑二十九年夏旱傷禾三十年春霪傷麥民間有月餘不穀食者三十一年七月初八巳午間月見於東三十二年秋雪三十四年清明後

八日極寒雪霰並集三十七年二月四日大雨雹屋瓦多碎五十四年秋大雨同日山圮二十餘處利陽鎮寺山裂爲二五十五年五月大水入郡治二門城多傾圮舟行其上五十八年異鳥止青湖夏姓園樹虎頭駁色大如犢聲甚厲不畏彈射越三日始去六十年秋大旱東湖水熱如湯魚盡浮死

雍正三年秋旱附郭民居火日數發民多攜囊橐什器露宿湖濱凡三月餘始復四年三月永平關火燔民居百有餘戶城樓燬八年七月地震

乾隆二年虎患大作歷數年始息計傷三百餘人三年正月十一日大風雨雹有大如拳者碎屋瓦殺鳥雀四年冬燠除夕單衣夜半朔風大作元旦雨雪木冰八年春大饑米

價騰貴斗米銀三錢鄱東諸山竹生實如米民採之曰得升許炊食之味如麥九年十一月大雪嚴凍竹與樟皆枯死洲渚鳧雁多斃十年牛大疫有通村皆斃十二年永平關火舊志止此十四年十月十三日巳時青天雷震數聲二十一年十月十四日夜戌時地震勢若墻屋傾圮移時方定二十三年八都四圖軒四里産黃牛並頭兩口三目二十九年五月大水船滿街衢三十一年五月大水至八月方退夏秋無收三十二年四月大水夏秋無收三十四年大水夏秋無收十月初四日先立冬六日大雪十二月二十日辰時地震三十六年秋九月雪四十八年大水撑船入市五十一年清明後六日大雪嚴凍五十三年秋大水街市行舟五十四年大水五十七年三月初四日申時大雨

雹屋瓦皆碎菜麥無收

嘉慶二年地震三年六月永平關火半月三發燔百餘家七年大旱米價騰貴緩徵十三年五月水二十四年芝草生於府治慶朔堂

道光三年自五月初八日雨至二十六日止大水至府治儀門階下街市行船圩鄉下秋無收

六年五六月間不雨高鄉歉收

十一年五月大水圩堤盡壞至八月後始稍退斗米錢五百文低鄉民多餓殍知府方傳穆鄱令施宗魯詳請　撫卹並借給耔種圩費復勸捐殷實接濟壬辰春民於澤中掘草根為食

十三年大水較辛卯水小尺餘知縣王修九自往各鄉勘災

詳請　撫卹

十四年大水較癸巳水大三尺餘圩堤盡沒六月後又久不雨高鄉晚禾歉收知縣張兼山復請　撫卹賑濟圩鄉

十五年大旱自五月不雨至於秋八月高低早晚稻概行無收秋間種粟復被蝗食民採草根樹皮以爲食知縣施宗魯詳請蠲緩徵

十六年春多蝗知府方傳穆出錢募民捕蝗復迎劉猛將軍神禱焉夏四月雨蝗乃死六七月間少雨高鄉薄收

十七年三月大雨雹

十八年大水較十四年水小三尺餘圩堤多壞

十九年大水較十八年水大三尺餘圩堤盡淹低鄉民多鬻兒女者

二十年大水較十九年水小二尺餘累荒之後民益仳離

二十一年大水水勢幾與十九年等民困愈甚冬十一月初旬雨木冰　時天氣冽寒陰雨數日著樹皆成冰株樟多凍死木盡爲冰壓折斷

二十二年秋未穫霪雨不止穀多霉爛

二十四年大水與二十一年水等十二月大雨雷震

二十八年大水較二十四年水大三尺餘低鄉顆粒不登民多流離知縣沈衍慶詳請　撫卹以賑饑民

二十九年大水較二十八年又大三尺餘低鄉水浸屋檐磚墻多圮并有連屋爲水漂没者城廂内外居民率登樓避水累日不能舉火知縣沈衍慶日乘船逐戶查勘散米以濟之復親往四鄉勘災詳請　撫卹并勸諭殷實捐銀接

濟災民賴以存活
三十年大水是歲水不甚大知縣沈衍慶以低鄉流亡未復
仍詳請緩徵以紓民力
咸豐元年七月太白晝經天西南方天鼓鳴
三年秋大水城久圮髮逆乘水入城知縣沈衍慶及樂平令
李仁元皆死之自後累歲擾害民不聊生訪事考
四年三月大雨雹大如雞卵油菜未刈者墜落無遺冬十一
月初六日川澤溢頃刻高數尺池波掀湧逾時始如故
五年六月有星晝見
六年春兩頭蛇見於德新橋畔之茶肆首具兩端
十一年四月大水圩盡圮十二月二十七至三十日大雪寒
甚河盡凍冰堅數尺可行車積雪數日不解路絕行踪連

抱古木皆枯河魚陷冰中立死山中獐兎諸獸多有凍死者七日後始稍解

同治元年六月二十七日暴雨震雷平地涌起洪水西北諸山多有崩圮者閣山亦崩有二巨蛇出焉

二年三月初四髮逆入縣西中各鄉居民避賊逃竄未及播種米價騰貴斗米至錢七百文七月初旬賊始退被賊各村復大疫死亡相繼所存十無一二巡撫沈委候補知府黎兆棠合紳董勸捐散米施粥以活饑者知府王必達郡令陳志培復倡捐并詳請協濟鄰邑於次年春給銀買牛招集流亡耕種

三年時以兵燹之後戶口彫零田多汙萊知縣陳志培以瘡痍未復查核受災最重之區仍詳請蠲緩

五年水知縣陳志培詳請十一二三四都蠲緩

六年有異鳥巢於永福寺塔貓頭鷹爪目烱烱貓犬不敢近夜鳴嗚嗚是冬饒州城外地震

七年五月祁門蛟水由昌江橫流而下圩堤沖塌知縣陳志培詳請緩徵

八年大水與道光二十八年等圩堤盡沒署知縣項珂借給圩費佈散

九年五月久雨大水月盡稍退六月二十後江水漲入日漸長至七月半後始定較八年水小僅尺餘圩多傾壞

# 【同治】餘干縣志

（清）區作霖、馮蘭森修　（清）曾福善等纂

清同治十一年（1872）刻本

# 餘干縣志卷之二十

雜記志 祥異 書年 仙釋 塋墓義阡附 軼事

洪範庶徵厥咎惟恒祖鑑水旱賑卹災祲瑞因德感妖由人興疹癘潛消壽寓咸登仙昇鍊汞禪證傳燈何如賢哲沒世猶稱過墟憑弔樵牧禁侵拾遺補佚汲古功深志雜記

## 祥異

漢

孝和帝永元中餘汗得白鹿高丈九尺見古今註又述異記餘干有白鹿土人皆稱千年矣晉成遺捕得銅牌在角後書云漢元鼎二年臨江所獻鹿千年化爲蒼又五百年化爲白再出餘干亦爲異數

後漢

吳孫權赤烏十一年西鄉古樟枯死明年復活

太平二年冠山前永豐鄉生一洲其狀如龞時長沙連歲饑

權卜之曰餘干鼈洲食其風氣使人斷其背歲乃登

東晉

明帝太寧間建餘干縣治時有白氣貫天

安帝義熙元年天鼓鳴

二年八月熒惑入南斗第五星

南宋

孝武帝孝建二年雷震死者二十九人

文帝元嘉年間漢梅鋗墓有紫氣薄天詔有司斷其脈作應

天寺壓之唐時寺僧發之見鐵錮宍而止僧皆吐血死

南齊

成帝永明八年餘干縣獲白雀一頭南齊書

陳

光大元年夏疫先是有異人帶竹皮冠衣五色衲袍見人且笑且哭與人紅丸人多棄之及疫甚留丸者得活

隋

文帝開皇三年大水漂市民居三十五家

唐

太宗貞觀十九年吉岡長松鶴生三雛赤翎一白翎二令覇錫獻之

敬宗寶歷二年濮族亭侯張遐墓有豫樟古藤盤其上夜紫氣護之太史奏遣伐之

文宗太和初五彩山泉邊嘗洗馬於陂一日風雨晦冥羣馬奔逸一牝與龍交明年生赤駒高九尺長一丈日行千里邑獻之其地今名馬橋明張吉詩曰司徒好養馬龍種一朝生至今橋下水勝似渥洼清

懿宗咸通七年萬年鄉獲白兎五獻之

僖宗乾符六年歲星入南斗魁中

後唐

明宗天成元年習善鄉獲白鹿獻之

宋

真宗咸平七年萬春鄉生青毛鹿毛青如荷葉文白如梅花福應鄉羅白鸚鵡二知縣吳在木獻之

大中祥符元年五月龍墜李梅峯西麓大七十五圍長十五

文黑質白文骨節脫七日不死里人章豹聞於官屠之風
雨大作
高宗紹興九年饑
孝宗乾道四年七月水
五年饑民多殍
寧宗慶元三年民家豕生八豚其二成鹿
六年五月大水壞民居害稼
嘉定九年五月水害稼
十年大饑
理宗端平年間水旱洊至民多饑死又大疫知縣馬光祖乞
賑免租
淳祐元年甘露三降孝子劉泌家梅樹

元

成宗大德初五月淫雨山澤龍見凡四五十舟行樹杪民居漂沒　又胥泰鄉章雲西齋生竹一本三幹

文宗天歷二年大旱饑命有司賑貸

順帝元統元年十二月地震

十三年夏五月雨血沾物皆腥冬十一月疫

十四年大饑人相食

二十三年二月星殞康郎湖中曳焰曲折袁準曰此枉矢星也主兵

二十五年四月淫雨至六月大水入城牲畜漂至十月乃降

明

成祖永樂二年大水舟行樹杪

八年旱大饑

英宗正統六年旱

憲宗成化十年大水

孝宗宏治六年火

十三年冬大水

十六年夏火

武宗正德元年梅港青湖水忽紅濁三日如故九月地震

三年七月東鄉雨黑黍九月西鄉雨黑黍

四年古埠生蘆菔如劍者三本

七年七月雨黑黍三月丁卯夜大風雷電仙居寨有光如

箭墜旗杆上俄如燭龍光照四野士卒撼其旗飛上竿首

旣而其光四散鎗首皆有光如星五月戊辰雷震萬春鄉寨旗杆狀如刀劈俱見明史

九年八月朔日食星晝見雞犬皆驚河魚跳躍

十年火延燒官署及民居數百家

十一年八月朔夜大風拔木壞屋舍鳥折翅

十二年三月夜地震

十五年大水訛言雞鳴生鱗爪能殺人鄉村殺之殆盡

世宗嘉靖元年正月不雨至五月淫雨彌旬洪水害稼没民居冬大饑民殍者衆

二年春夏大疫

八年大水

九年火

十二年大水

二十三年大風拔木

二十四年旱大饑

三十五年水

三十九年水

四十一年水

穆宗隆慶元年十二月晃山夜有光如燈俗謂金龍船見

三年冬大冰五日方解

神宗萬歷元年冬晃山夜光見

二年七月淫雨水溢潰西津圩漂沒廬舍人多溺死

四年八月天鼓鳴火光燭地

五年六月火城中燒燬百餘家延及公署

六年三月大水

七年冬大水

九年修康山忠臣廟前有古槐中空久枯至是枝葉復茂

十年饑民流移

十六年大水壞圩漂民居人多溺死饑大疫斗粟百錢死傷載道

十七年火城中燒燬數百家延及儀門九江道廨

二十六年旱

三十一年大水潰西津並各鄉圩侍御田珍捐俸修築

三十三年十一月初九夜地震

三十六年大水饑知縣蘇萬姓請賑蠲租多方撫恤黎民獲甦

熹宗天啟四年大水

懷宗崇貞五年六月白晝地震

七年大水害稼

八年饑斗米二百文七月李梅民家彘生二象

九年大饑人多死

十年大水溢入縣治漬官塘圩舟從南門入市至弋陽溪

各鄉圩多潰

十一年冬晃山夜光見

十二年昪山夜光見

十三年秋大水漂沒稻穀

十四年饑

十五年饑

十六年五月迎賓館土地神吐烟三日東山西南石崩壓
壞民居九江道廨後有石裂如刀劈數年復合
十七年三月日晡時紅霞滿空五月火燒査家巷一帶

國朝

順治三年四月大旱至十月方雨稼穡
四年大饑斗米千五百文民食草根樹皮盡遂食土以墍
量莩
五年疫
十一年東山西南山崩丈餘三月雹大如斗牛羊遇者多
死瓦盡碎狂風拔木
十二年旱四月晃山夜光見
十六年夏旱

十八年夏大水秋旱

康熙元年旱冬大凍

二年夏旱秋大水漲入縣治害稼九月初十日總督張嵩

明璘廵歷特疏請蠲奉

旨俞免本年税糧十分之三

四年秋旱

五年旱

七年六月十八夜地震秋湖水入市

八年正月冕山夜光見

九年冬大雪深數尺旅客有凍死者

十年大旱夏不雨至冬泉盡竭

十一年春民饑麥熟

十三年五月洪水汎濫入市四鄉圩堤漫溢無可振者

十五年五月大水

十九年三月三十日白晝黑雲從西北起烈風雷雨摧倒縣堂其餘磚牆樹木傾頹無數壓傷人物五月水壞西津圩十一月西方有星光芒形如疋布

二十年春夏久雨五月洪水泛入縣治城垣傾圮各鄉圩堤多潰秋大旱虎出傷人連年不息

二十一年三月烈風暴雨房屋樹木折壞無算五月水大七月大旱八九月水稼多被害八月有星見西北光射東南初長一二尺後至丈餘越二十餘日

二十二年旱

二十五年十月地震

雍正二年大旱

三年大旱

六年自四月至六月大旱三十餘日秋旱五十餘日

七年閏七月地震

乾隆七年水有螟

八年大饑十二月彗星見

九年自四月不雨至七月大雨平地水起

十年無大雨

十一年大水

十三年竹實

二十一年十月十六夜地震

二十四年四月越水見五月十三越水見七月十七越水

見

二十七年五月水漲入縣治蔣家嚴溪東港圩潰晚稻倍收秋大水毛溪渡余家灣阮家夾觀音閘圩潰

二十九年五月大水余姓圩高坑高倉圩潰晚稻倍熟水不爲災

三十年大水穀價騰貴

三十一年三月大雨雹九月地震

三十二年自五月水漲入縣治秋水復漲阮家徐港觀音高倉圩復潰九月藩憲吳公奉撫憲至縣勘災賑濟按災民多寡蠲免錢糧緩徵漕米

三十四年上年旱下年水十二月二十日地震中丞海公至縣查災賑濟緩徵錢漕

四十二年大水

四十六年大旱冬〻柑結實

四十八年大水冲壞漕倉緩徵錢漕借給籽種初行平糶

四十九年大水緩徵給籽種平糶

五十三年大水壞各鄉圩蠲免錢糧緩徵漕米賑濟按災分多寡

五十五年雪深數尺堅冰經旬

五十七年閏四月至五月大水緩徵

五十八年大水緩徵

五十九年大饑

嘉慶元年大水

七年大旱傷稼奉

旨緩徵漕米分作四年帶徵仍行平糶

九年大水低田被淹緩徵錢漕借給口糧籽種

十一年旱

十二年冬十二月二十五日有白氣蜿蜒如龍移時漸入空際

十三年大水田禾被淹借給口糧籽種行平糶法

十四年春大饑各鄉起捱延乞鄰村奉憲禁乃止

十六年秋孛星見西北芒如練數月方沒

十九年八月地震

二十年十二月城中火延燒市舖三百餘間

二十一年西北二鄉被水

道光三年夏五月烈風拔樹淫雨經旬大水各鄉圩堤沖壞

西北二鄉禾稼淹没殆盡水浸月餘補插甚少八月風凍愈加歉收民多流移奉

旨被水業户

恩准緩征

六年無大雨

七年旱有蟲傷苗時有丙易過丁難捱之謡五月各村結燈禳災

八年夏大水隨涸有秋

九年九月下關火

十年西北二鄉被水民多流移緩徵

十一年夏秋大水潰圩民大饑緩徵府憲方傳穆至縣同知縣冼棠及紳士開局勸捐集錢九萬餘串賑給災户詳

奉巡撫吳公光悦請

旨分別議敘

十二年春斗米四百文民採草根樹皮以食夏大水秋大疫八月大風乘風亭圮

十三年夏秋大水知縣李泰墉詳請緩徵賑給二月口糧

十四年夏大水秋旱北鄉晚稻頗熟分別緩徵

十五年五月寨裏村山頭衕雨米數日色微黑秋大旱蝗蝻遍野米騰貴大饑閤縣錢糧緩徵

十六年春奉撫憲令收蝗蝻遺種邑紳捐錢收買秋小旱不爲災

十八年夏大水

十九年夏秋皆大水北鄉旱晚絶粒知縣盛元勸捐修築

各鄉圩堤以工代賑詳請緩徵
二十年夏大水潰圩北鄉旱晚絶粒緩徵
二十一年四月大水潰圩至冬始涸低鄉絶粒民多鬻婦女以圖苟活屋宇器具售賣殆盡冬木介天來雨雪濛雨着樹成氷愈積愈厚樹極斷折聲徹日夜甚厲至有禿者分别緩徵恭逢
恩詔十年以前民欠全行蠲免
二十二年大水高田有收
二十三年欃槍見西方長丈餘
二十四年春夏旱五月大水各鄉圩潰低鄉無收緩徵
二十五年夏大水
二十六年秋旱分别緩徵恭逢

恩詔二十年以前民欠全行豁免

二十七年夏水秋旱

二十八年夏五月大水圩決七月颶甚十七十八日狂風大作西北兩鄉漂沒民居無數九月水始消早晚絕粒知縣常山鳳稟請通縣緩徵並請賑銀萬餘兩復捐殷戶米萬石賑給災民

二十九年三月天雨黍竹實五月大水較舊歲更甚三尺舟行樹杪西北鄉早晚絕粒秋疫大作十月水始消八月東山書院桃花開知縣常山鳳復請普緩丁糧並賑濟三萬有餘

三十年大水下鄉早稻絕粒秋後補插三分之一緩征

咸豐元年水緩徵

二年水緩徵
三年六月十九淋雨兼旬穀盡芽緩徵七月中旬西北見一彗星星半月始没地徵震天鼓鳴
四年四五月米價昂貴民大饑緩徵冬雷電桃李花實
五年六年七年被擾緩徵
八年大水旱禾被淹緩徵八月民有譌言雞翼生爪一時宰割殆盡
九年大水西北二鄉圩潰緩徵七月二十二夜有星光如箒至八月中旬始盡
十年四月雨雹大水潦雨彌旬晚穀生芽緩徵七月三十日有星自東南向西北光芒燭天倏爾而没
十一年水緩徵天雨沙五月虹貫庚方長五丈餘十二月

二十七日大雪四晝夜

同治元年正月大凍河冰堅厚可過車馬夏大水龍津圩潰

壞漕倉下鄉旱稻絕粒緩徵七月越水見

二年正月天雨沙復雨黑水春夏米穀昂貴

恩詔咸豐九年以前民欠全行蠲免

三年五月大水圩潰秋旱緩徵

四年夏大水下鄉圩潰緩徵九月上鄉桃梨梅樹皆花蛙

聲喧野十一月十五日九都坵墩村東灣湖湖水沸騰暴

長尺餘忽溢忽消如是者三

五年三月初四二更後九都地震滿座人盡西傾地下作

空覺聲自東南往西北四月大水各處圩圯七月秋水二

都圩圯緩徵

六年大水圩圯秋大旱禾多蟲傷緩徵十月初五瑞洪鎮
火延燒四百餘家
七年西北鄉並四隅蟲傷晚稻殆盡緩徵
八年夏四月大水圩堤冲决十月水始消旱晚絶粒民多
流離知縣區作霖請發圩銀六千兩以工代賑並請緩徵
九年春大饑米價昂貴下鄉饑民逃散四方五月大水稼
多被淹七月秋水圩多漫決緩徵十月二十九夜瑞洪火
燒店鋪二百餘家六七月越水見
十年旱緩徵

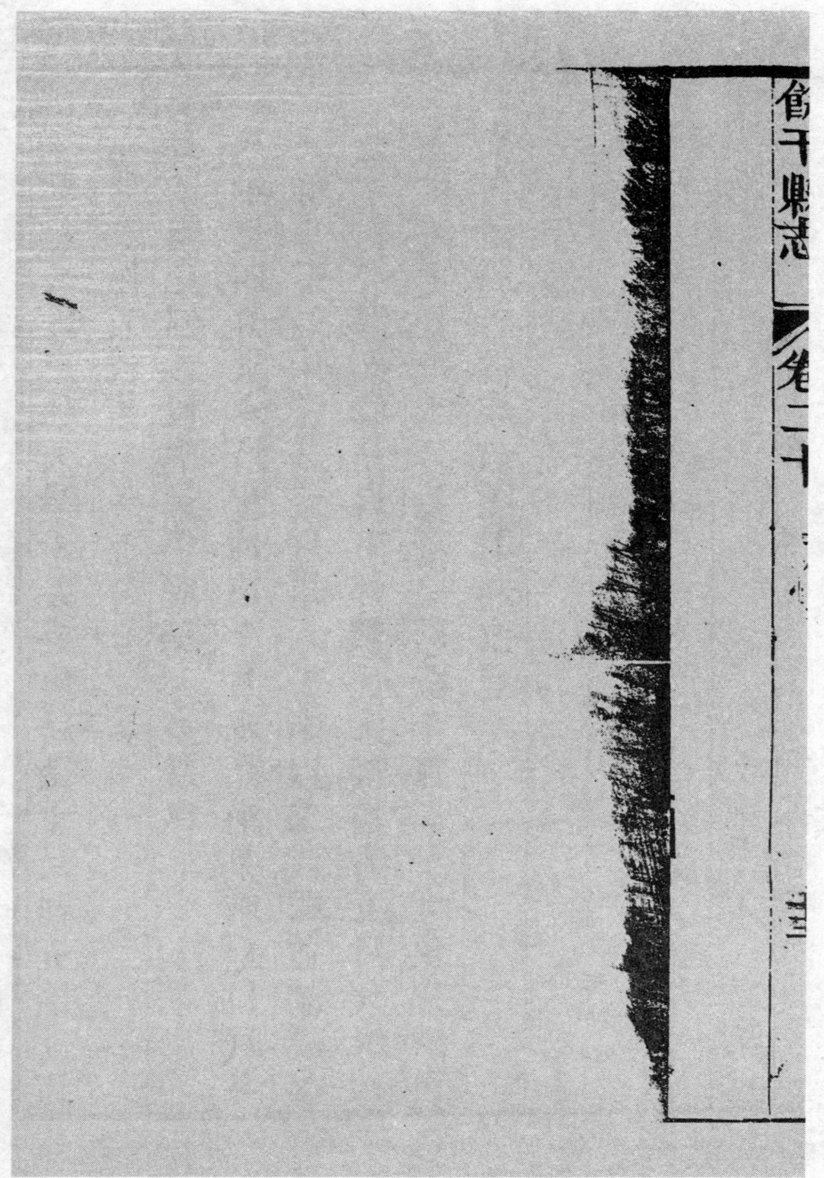
餘干縣志　卷二十

# 【同治】樂平縣志

（清）董萼榮、梅毓翰修　（清）汪元祥纂

清同治九年（1870）刻本

祥異

唐貞觀間饒州刺史崔確政有聲時樂平石穽出乳泉確進之　舊志貞元十一年夏六月大水漂流千餘戶元和十一年春二月暴雨大水漂沒數千戶

宋舊志景祐二年旱　紹興三年旱　通志紹興九年饑斗米千錢　宋史紹興十四年春正月樂平金山鄉和衡里田隴數十百頃田中水如爲物所吸聚爲一直行高平地數尺不假隄防而水自行里南程氏家井水溢亦高數尺天矯如長虹聲如雷穿牆壞樓二水鬬於杉墩且前且郤約十餘刻乃解各復故處　隆興元年大水　豫章書乾道二年秋七月水六年夏五月大水

府志乾道元年永甯寺池前枯木化龍飛去　豫章

書乾道五年夏大饑民多流徙七年饑首種不入人食草實詔立勸分賞格內出左帑增賑收育棄兒　舊志

乾道七年樂平旱洪文安公遵乞將常平米賑糶文惠公适罷相家居亦上疏以爲言　慶元元年大火延燒白砦及衆樂坊以西八月早霜黍稻皆枯死是年民家產子人身有尾又豕生數豚而首各備他獸形亦有人首者又更具他獸蹄三年夏四月田家牛生犢一角麟身肉尾農以不祥殺之或惜其爲麟又萬山牛生犢人首　容齋五筆慶元四年饒州盛夏中時雨頻降六七月之間未嘗請禱農家水車龍具倚之於壁父老以爲所未見指期西成有秋當倍常歲而低下之田遂以滂告餘干安仁乃於八月罹地火之厄地火者蓋苗根及

心孽蟲生之莖幹焦枯如火烈然正古之所謂蟊賊也九月十四日嚴霜連降晚稻未實者皆爲所薄不能復生諸縣多然有常產者訴於郡縣郡守孜孜愛民有意蠲租然僚吏多云在法無此兩項又云九月正是霜降節不足爲異　舊志嘉定三年大火安隱寺至衆樂橋民房殆盡八年旱　豫章書嘉定九年夏五月大水壞廬舍害禾稼　通志嘉定十年饑　舊志醕祐五年蝗禾穗及松竹葉皆食盡十二年大水　彝堅志螺坑市織紗盧匠娶程山人女屋後有林麓薄晚出遊遇妖纏繞女不知爲何物里中江巫作法治之乃長蛇也女大驚移時使吞符餌藥以正其心神踰月乃平

元通志大德六年夏六月大饑　府志天歷元年大旱

饑　舊志元統元年冬十二月地震　豫章書至元元年冬十二月地震　豫章書至正十一年秋七月己未太陰犯斗宿東第三星十月辛巳太陰犯斗宿距星乙酉太白犯斗宿西第二星明年徐壽輝破饒州　綱目是年冬十月雨黑子大如黍菽民多取而食之　舊志至正十九年冬十月二鹿入市人爭逐之雄觸而死雌悲鳴不去頃之亦觸死

明通志洪武二年霪雨三月水深丈餘城多傾圮　永樂元年夏四月芝草生　豫章書永樂二年大水十四年大水　府志洪熙元年春二月地震河水搖蕩屋瓦有聲秋七月又震　舊志正統三年火市店民房及縣治儒學皆燬焚死者眾　舊志景泰二年春正月初二

日大雪平地深四尺野獸入宅四年野獸入宅　舊志成化七年春大水漂沒數百戶　舊志宏治元年冬十月大雷擊木十五年秋八月十三夜地震房屋搖動山雉驚鳴　通志宏治十六年秋八月地震　舊志正德三年旱四年旱冬十二月朔日大雨雪苦寒草木凍枯有經春不復生者蔬菜盡死民饉尤甚　舊志正德五年旱春三月十一來一鳥九頭飛過縣治八年雷震烈雪片如掌平地積深三四尺是冬嚴寒草木多死十二年夏六月十七日六都趙家堂中血自土湧出十三年冬十月一熊自西門入市獲之　豫章書嘉靖元年冬通志嘉靖二年冬十二月除夕風雪大作平地須臾尺餘飄入民居燈燭皆滅行李凍死相枕藉至元旦下午

方止　通志嘉靖八年水十二年夏四月大水　府志嘉靖二十三年自四月不雨至於九月　舊志嘉靖二十四年旱四十年蟲食松木葉立枯死　府志嘉靖三十二年十一月九日地震三十六年五月大水四十四年正月大雪深四五尺　府志萬曆三年旱饑是年夏日食既晝如黑夜移時乃復　舊志萬曆十三年秋旱蟲食粟盡十五年蟲食松葉殆盡十七年旱大疫二十四年九月立冬後雷雨大作三十年夏六月十三日午後雷雨大作平地水深四尺漂沒禾稼少頃晴霽十五日復如之有地名鮑源者田中忽起一阜高數丈大里餘近地高山崩瀉者無算自是民多災眚年穀不登

府志天啟元年謠言刷童女一時婚嫁殆盡五年春饑

米價騰貴　通志崇禎元年冬大饑　通志崇禎四年
秋七月十八日地震冬十月十六日又地震七年夏大
水害稼　舊志崇禎十四年合邑火
國朝通志順治三年自四月不雨至十有一月　舊志順
治四年旱斗米一兩二錢民饑死無算八年夏四月大
風拔木不可數計九年春二月地震十年春三月天雨
黑水夏四月大雨雹折木損麥甚有碎屋覆屋又傷人
者　府志康熙十年夏六月不雨至十有一月泉盡竭
十一年春民大饑草木實俱食盡　舊志康熙十年大
水異常城上行舟四月縣城隍神像自墜扶起顛躓仍
前五月西城門鎖有聲如吼自開知縣王道隆置小鎖
橫鋼其鎖復開十七年冬十一月夜流星隕於東南方

有聲如雷十九年夏五月初六日大風自西南來官署
民舍屋瓦皆飛牆壁傾倒是年白水池開並頭蓮十餘
枝二十四年夏旱災奏請　蠲賑五十一年秋大有五
十三年夏五月大水五十五年夏五月大水五十九年
大有六十年秋七月初十日城中大火延燒數百餘家
是年大旱晚稻無收六十一年大有　舊志雍正三年
大有八年大有九年大有　舊志乾隆七年牛大疫至
十二年止八年春大饑米價騰貴斗米三錢九年夏大
旱七月初六日陰雨不止洪水暴漲衝壞城南文明橋
舟行城上漂棺骸無算沿河村庄廬舍人畜田畝損傷
尤多知縣陳訥通詳奉巡道李根雲勘報巡撫奏請
蠲賑十年冬十一月雨雪三日平地深三尺許樹木凍

杜十一年閏三月朔日大風牆屋傾倒樹木皆拔十三
年奉
旨蠲糧洪錫冕恭紀詩
聖人廑念急民天議賑方殷更議蠲嚬典
熙朝經再見輪
恩江省又三年亥龍雲氣蒸堯壤秧馬春風醉舜絃萬國嵩呼
供玉粒秋成競獻瑞禾篇是年大有十六年夏秋旱米
價騰貴十七年春大饑民有死者二十四年蟲害稼晚
稻不登二十六年十一月樂安鄉貢生戴煜家祀田內
產瑞粟一莖四穗二十七年春三月
聖駕南巡恭獻
恩賜荷包四十年冬十一月北鄉高嶺村王彩珍妻廖氏一產

三男五十三年夏五月大水五十五年秋九月城中火延燒二百餘家五十七年夏五月大水五十八年秋七月初二日大水害稼沖潰田畝五十九年秋七月大水

嘉慶五年春正月十五日起雨雪四日平地深四五尺七年夏四月旱至七月乃雨早稻枯死民饑乏食知縣姜世昇詳請平糶民情始定是歲緩征十一年城中火十二年旱十九年冬十二月二十三日雨雪至二十六日止深四尺許二十二年夏五月十二日大風自西南來過黃灣村至三合源崇垣大木衝拔無數人有見雲霧中龍尾者　道光二年春二月二十申時地震有聲秋大有三年夏五月大水四年大有五年歲稔七年五月大水禾苗無損十年秋大水粟稻歉收十一年五

月大水早稻歉收十二年五月大水秋收稍薄十三年歲稔十四年大有十五年旱蝗歲饑十六年大有十七年大有十九年夏大水沿河禾稼稍歉二十年大有二十一年五月大水沿河禾苗稍傷二十四年大有二十六年夏旱早秋歉收二十七年夏旱山田歉收二十八年夏旱秋大疫人多死亡二十九年五月大水沿河歉收三十年夏大水沿河禾苗受傷交秋補種　咸豐元年歲稔四年歲稔十年大有十一年冬大雪樹竹菜果多凍死　同治元年歲稔三年五月大水東鄉烏灘渡大石橋盡圮是歲歉收四年夏大水早稻多不實五年大有六年夏大水沿河早稻多補種或改種雜糧八年歲歉九年收成稍歉

道光癸卯三月下旬大風晦西鄉十魁村沿河民居震揺屋瓦飛揭過半大木多拔見有物如匹練騰挐西去幸人口乂安禾麥亦無損

道光己酉除夕天大雪城中間雨金若塵接得者秤之僅毫釐而已片刻即止

道光庚戌八月初旬南東鄉樂安港中有物如龍色作蔚藍長約數丈蜿蜒上騰河水沸立居民驚而譁俄天暝大風飛沙漫霧屋瓦震飛龍躍起夭矯揚鬐逕入雲去天復霽沿河村莊人物樹木禾稼均無損折是歲秋收較稔

江右向少蝗患邑境絕未之見道光乙未七月有蝗自楚北渡江而來聲如潮湧所至食禾苗菜蔬竹木葉殆

盡飽則飛颺他去蔓延各鄉居民仿捕蝗法具旂幟鉦鼓長竿喧呼驅逐不使停留有墜落者掘深塹漬鹽水瘞之童孺亦爭拾煑食或送官秤收而領賞錢焉是歲自首夏及孟秋苦旱八月始得雨秋苗稍蘇粟稻可補種十之二三蝗亦漸息次年春間有蝻孽蠢生草際鄉民搜掘腊食之患遂絶

北鄉天分山靈巖寺前有龍池一方泉源頗遠計可灌田數十頃道光乙未旱七月十一日池水忽涸越七日復源源而來惟水帶赤色尋亦清洌如常

咸豐甲寅四月南鄉回田村前池水忽竭中裂一縫闊尺許長丈餘深二三丈居人駭異以土填平之後亦無他

同治戊辰五月十九日萬邑董源發蛟平地水深數丈由下圩村直至本邑南鄉牌樓岡數十里淹斃人畜漂去室廬並有砂積田畝經知縣孫楙勘報同日廣信弋陽縣西鄉馬鞍山源亦發蛟冲入本邑秧坂黎橋等村坍塌橋梁漂去沿河茅屋又有水自德興縣磨角僑山源流入樂境碧灣經由六十餘里

同治己巳三月睦樂村嶮經山有虎踞其上實從來所未見者也初虎突入附近者德村人不之覺有鄉民攜十二歲兒入園種蔬虎伏籬側密箐中兒揮鋤觸籬虎撲兒死父攖虎同死村人咸有戒心睦樂人夏恩起傭工於者慮虎入已村歸告里中預爲備路經嶮經山徑中聞嘯聲而虎已逼前徒搏受傷僵斃骨肉未殘村人

始駭知虎患恩起弟恩普恩祁痛兄慘亡聚丁數十將殪虎而復仇焉虎耽視奮爪勢猛甚衆稍卻普毅然持梃前進祁持鳥鎗繼之鎗發子未透普亟以梃舂虎喉虎囓梃作兩橛遂奔普噬腰幾斷復攫噬祁肩普立死祁胸膈猶溫醫救數日亦死虎忽去無可蹤跡恩起恩普恩祁皆務農自食其力平日與人無迕亦無隱惡乃兄弟同時死於虎噫何其慘也

東北鄉十二都甘村甘德喜妻段氏於道光乙酉年正月二十八日申時一產三男名大慶大懽大悅俱已成立耕種營生舊志漏載今訪實補入

# 【民國】德興縣志

沈良弼修　董鳳笙纂

民國八年（1919）刻本

## 祥異

範徵休咎禮察祲禨天時人事具有先幾蓮開芝產其應甚微豐年爲瑞念切民依志祥異

舊志云志者紀事之書也事莫大於敬天春秋二百四十二年間書災異者一百二十有二今志災祥兹及兵燹災祥者天道之變兵燹者人事之變天人相與之際甚可畏也

隋大業間白鹿見　郡都尉張衆遊獵鄱口見一白鹿逐之至銀峰下遇神人得雙銀筍因以名山

按白鹿之説萬歷志前後互異於災祥則曰唐永徽隋駙馬張鎣於沿革則曰按舊志載隋大業間郡都尉張鎣夫隋唐易代大業永徽相去四十餘年郡都尉與駙馬官位不同此間書多不備無所考信要以萬歷志所稱之舊志爲據蓋白鹿者銀寶之兆也貞觀去隋未遠故御史權萬紀上言宣饒銀大發可採之以佐國用太宗以其不能進賢而專言利遂黜萬紀其事寢可知永徽之初有貞觀之遺焉總章改元則二聖並稱言利之臣自此起矣觀萬紀之疏則銀筍出於大業銀寶見於

總章事之前後固較然也要之白鹿之爲物一見而破亡數百年之民命亦大可畏哉

又按白鹿見而得銀箐銀場改而建德興天道人事此爲最著故首書之

唐總章二年鄧公山銀寶見　先是司天言仰觀天象鄧公乃白牛之精嗣聖間已見兩角兩足其後當地寶大泄足以富國儀鳳二年鄧公祭山而公主穴穎焉久之鄧公亦亡乃即其山立廟祀之

按祭山之鄧公者人也遂其名司天所言之鄧公者山

也山以人而名志所載司天之言殆追序之辭耳然亦近於誕矣所稱公主豈即駙馬張蒙所尚者與

按儀鳳是高宗年號嗣聖是中宗年號或鄧公先祭山至十餘年而後司天乃言鄧公山之地寶當大洩與然不可得而考矣

元至正十二年壬辰春三月徐壽輝陷南康諸路餘寇入德興剽剠焚殺歲饑大疫死者三之二僞漢將吳宏率兵守焉至正二十一年辛丑宋龍鳳七年明初爲吳公時奉宋正朔秋九月明太祖定饒州駐番君廟遣別將下德興是時盜賊

四起剽剠焚廬舍殆盡民多竄伏明興有司檄邑人葉孟友招安之

一明洪武二年己酉福建蕭明寇饒州汪德政方丑人掠德興殺傷甚眾

一永樂初化龍池（在學宮）開並頭蓮其明年登第者三人景泰間歲寒山生靈芝二本五色燦然明年孫需張憲同登第並官尚書

正德間馬鞍山塘開紫蓮花因以名塘

正德十四年己卯姚源賊起掠德興知縣趙德剛被執

老人蔣喜以計脫之又以老人余有輝爲質誘賊黨數十人戮之賊乃引去時有男婦千餘避居山寨寨破一日殺八百餘人趙侯卽山爲瘞之而爲文祭焉

庚辰大旱發賑銀七千八百餘兩停徵三年知縣趙德剛之請也疏見藝文志

輿民最親者令也民之疾苦惟令知之而不能爲民請命下情之壅於上聞者多矣武宗在明之諸帝不爲治朝而先生以區區一令呼籲九閽爲大兵大荒之遺黎留十死一生之殘喘其功偉矣後世之爲令者鮮有封

事即或有之不過泛陳時事以博名高否則與上官相

許奏而已烏得爲循吏哉毛九瑞

嘉靖間産白兎目赤如丹馴擾依人知縣許公高賦詩

有細隸冰花疊奇毛鶴髮明之句都御史戴儒爲之記

甲子春禮殿柱産靈芝色紅黄交綺相錯其秋領鄉薦

者三人而祝眉壽爲元

隆慶戊辰冬雨雹牛馬死

萬歷戊子巳丑歲大饑民食土

乙未冬近天門災燒民居數百家次日東隅火燒數十

家明日又火一都六都八都同日火死者數人

崇禎壬申夏六月地震

丙子大饑

癸未雨黑黍形如苜蓿

甲申邑西河巨石自立起有聲如雷

清順治二年乙酉土寇四起城破鄉村俱無完室

初大帥金聲桓王德仁以大兵紆道二十都爰水地當

其衝死者三千餘人擄掠稱是殺㝵滅族古未有也

雨木子如茶實

三年丙戌自四月至十一月不雨

四年丁亥春大饑夏霪雨爲災無麥一金易斗米凡草木之實堪以充腹者民間採食殆盡十二月總兵金聲桓叛至大肆殺掠而去先是流賊煽及江右縣民皆完聚自保

五年戊子春大雨雹六月大風拔木

康熙元年壬寅旱免錢糧十分之二

二年癸卯水免錢糧十分之三

三年甲辰秋災免如二年

四年乙巳夏災免亦如之

五年丙午旱免如四年之數

六年丁未水免數如五年

十年辛亥旱大饑免本年應納錢糧十分之三已完者

准抵次年

毛九瑞曰今之救荒有三賑濟蠲租常平是也常平徒

有其名縣倉並無顆粒儲蓄賑濟之義於易爲益蓋損

上益下也苟散給不得其人則盡發內帑之金官紳侵

蝕藉供餽贈酒食之資猶恐不足餘波及民寧有幾何

惟蠲租之與澤實遠於下耳朝廷軫念民艱湛恩汪濊屢詔蠲租是以水旱時有而民不爲災凡報免之期蠲免之數皆著爲令

大司空董公開府江西十年凡水旱偏災必以入告猶李文靖之志而所請輒允其忠君愛國又有以上結知遇下庇蒼生豈緊德興實受其賜哉夫民爲邦本本固邦寧百姓足君孰與不足治天下豈憂貧乎方歲之凶民方救死不贍即不蠲租亦不能奉上若稱貸完官其子母權奇又增來歲之累而逋欠由是日益深矣惟蠲

一年之租則民力有餘稔歲易於急公是儉於一時而豐於數歲老成謀國之計畫孰有加於此者九瑞承乏於君明臣忠之日而邀天之幸比歲有秋監門之圖可以無繪矣

十一年壬子春饑穀一石易金八錢秋大熟穀價減三分之一

十二年癸丑大有年一金易穀五石

十三年甲寅秋七月本府鎮弁程鳳叛縣防陳學劉伯聞風繼之脅摘本縣各官印信刼掠一空閤邑羅其熊

等旋率兵數萬駐縣閭邑逃竄

十四年乙卯叛將程鳳統各標至縣約至十餘萬衆分鄉駐札擄掠焚殺勒兵索餉慘毒三載民死非命并流亡他邑者不計其數

十五年丙辰閩僞都尉白顯忠將軍徐等帶賊二十餘萬壓境搜山焚戮鬼哭神號山川震動男女被擄去者不下千餘

十六年丁巳春三月總鎮高領兵恢復餘孽何秉城李九雄等仍盤踞山谷鄉邑遭荼毒十七八九廿都尤甚

十七年戊午十二月復遭僞將軍程壁破城掠都殺戮

異常無一塊乾淨土

十八年己未正月副總佟把總戚恢復邑城寇仍入山

蹂躪本月三省會勦賊始就擒

十九年水火甫出民無粒食免十七年以前銀糧兼行

賑濟

二十年彗星見

二十一年洪水大漲山崩地坼漂流廬舍衝壞田地數

千百畝縣前和豐橋圮

二十二年雨暘時若西成有秋民苦穀賤金貴是歲稱

半稔云

六十年辛丑夏五月不雨至秋七月大饑

乾隆八年癸亥春大饑米價騰貴

九年甲子七月淫雨不止洪水氾濫四境同居澤國東

鄉海口被災尤甚

二十一年丙子十月十六日地震

三十四年己丑秋八月彗星自南斗下垂九月方没

四十八年癸卯歲大饑知縣李錫百請發常平倉穀糶

米接濟

五十三年戊申夏五月淫雨浹旬我邑自少華山下溪水驟發上南鄉數村沖壞山場田地廬舍墳墓人畜多溺死知縣陳文彬申報　大憲委員勘准請　旨按災賑恤草屋六十四間每間發賑銀伍錢瓦屋壹千捌拾柒間每間發賑銀捌錢貧生壹拾伍名每名發賑銀伍錢又加賑叁箇月每名加銀伍錢極貧次貧通共發壹萬柒千伍百叁拾伍碩叁斗玖升內搭放本色穀陸千玖百柒碩陸斗貳升餘穀壹萬陸百貳拾柒碩柒斗柒升

每碩折銀陸錢共銀陸千叁百柒拾陸兩陸錢陸分貳釐淹斃男女大口壹百柒拾捌名每口放銀壹兩伍錢小口叁拾肆名每口放銀捌錢

五十五年庚戌十二月廿二廿三雷雨冰霰如雹積地盈尺凍折樹竹無數至明年正月初旬冰柱猶有未盡消者

五十七年壬子七月初二洪水驟發入市數尺

五十八年癸丑歲饑

五十九年甲寅歲大饑

嘉慶元年丙辰西鄉洋田尚和石谷源等處有虎入村傷三人知縣蔣敬源招陸東玉獲黑虎一隻毛長六寸

三年戊午四月十五夜月穿心宿中心而過十月間衆星交流如織

八都海口董姓文公祠有靈芝之產於梁是年登科者二人入泮者七八

五年庚申正月十五夜大風雷雨霰雪三日平地積五尺折樹竹

七年壬戌自五月不雨至秋七月旱稻無收斗米價銀

六錢知縣蔣敬源請發常平倉穀濟之

十一月二十一日申刻大雷雨雹

十六年辛未七月間有長星如帶亙天至十月始沒

十九年甲戌夏五月初二日洪水驟發城市行舟四鄉先後被災南鄉漂蕩房屋圮壞田畝人多溺死

二十年乙亥五月米價湧貴邑南鄉十七八都民有饑色

二十一年丙子六月二十日迅雷南關外擊死二人城隍廟柱擊碎

二十四年己卯春二月初七日戌刻天大雷電以風縣署大木拔

道光元年辛巳夏四月初五日未刻烈風雷雨傾壓牆屋數處

八月初三日亥刻市中街不戒於火上至和順坊通濟橋下至興賓坊晏公廟寅刻始熄延燒房屋七十餘家明日午刻又火自下而上延燒房屋十數家六日夜呼救火者二十餘次

二年大有年

十五年乙未夏旱蝗知縣王蘭詳請緩徵

三十年庚戌四月北門外水竹華

咸豐二年壬子桃李秋華

八年戊午六月二十四都重溪水漲數丈溺斃數十人

同治元年壬戌三月苦竹實形如小麥藉以療饑者衆

是月四都烈風大雹豆麥俱傷

二年癸亥二月三都石下村大石山裂丈餘有聲如雷

七年戊辰五月三十二都瓦灣源頭等村水陡發沖壞田廬溺斃男婦二十七人

九年庚午五月雨豆質黑皮白

光緒元年乙亥謠言洶洶莫究其端云翦辮毛可以作兵翦辮子其人必死多有書符以護辮者是年雞幾殺盡而人卒無恙登之以徵謠言之不足信

是年領鄉薦者胡培基余鈞九月初余鈞鄉試抵家數日前花臺原有牡丹開花兩朵秋後重開竊以爲異諸友咸集賞玩榜發果驗恰符兩朵之數殊不爲然嗣後武闈余振鐸亦中高魁一門雙捷可見富貴先兆信然

光緒四年戊寅五月二十五日洪水陡發高五丈餘田

地砂積房屋漂流溺斃人畜無算經知縣戴艮葵履勘
具詳大府題奏發帑賑恤
七年辛巳七月西方彗星光芒數丈至十月始没
八年壬午五月初四日突發蛟水海口以下村坊比四
年尤甚冲壞田地房屋東北兩鄉受禍更烈經知縣戴
艮葵詳請賑撫緩徵至今尚多有糧無田者洪水正漲
之時五垣仙姑山霧氣沖天忽然山崩一面泉水湧出
十年甲申二月初十日黄昏時候大風拔木屋瓦皆飛
甚有祠屋大柱折斷者城内總節坊吹倒三層二都黄

柏園渡船吹上傍河山頂船板皆碎

十二年丙戌七月大雨三日不止十九洪水驟漲數丈冲壞田地廬舍甚多惟二十九都張村尤甚溺斃男婦二十四人橫山庵被水冲去住廟二人隨没

光緒十七年辛卯三月初四申刻雷電交作大雨雹雹大如雞蛋三角有棱壞屋瓦門壁無算當其衝者大小麥油菜顆粒無收山上柴薪樹椏盡成光枝飛鳥蛇蟲打死徧地受災惟北鄉最烈

光緒二十八年壬寅穀米騰貴民不聊生食土

三十四年戊申三月初三日大風雨雹新營竹園墩拔
折大古木數株
宣統二年庚戌八月彗星見
三年辛亥三月十六日後山嶺賴家隖有巨石壁如屋
忽然崩頽地震七八里
民國二三兩年有猛虎伏藏福泉楊梅等山時出噬人
六區各都共噬人民四十餘口樵採幾至絕跡畏不敢
往源頭村有農婦黃程氏懷孕八月夫外出偕四歲兒
在埕虎突入啣其子去婦見逐虎虎轉棄兒嚙婦婦腹

裂胎出母子三命同喪虎口見者慘之其患直至民國四年弋邑人射獲二大虎各三百餘斤虎患始盡

民國二年癸丑五月二十三都新營河邊有楊樹二株忽變一紅一白其色光彩越月始退

民國四年乙卯十月梨樹開花

民國五年丙辰二十三都新營村遭回祿並未過家嗣是每於僻静處無故自炎日呼救火者數次旋撲旋滅亦無大害人心惶惶直至次年始止卒不解何故

民國六年丁巳一月二十四日辰刻地震有聲棟宇勢

若傾覆二月二十二日巳刻又震稍殺

七年戊午二月十三日申刻地震房屋揺動

(清)陳天爵修　(清)趙玉蟾等纂

# 【道光】安仁縣志

清道光四年(1824)刻本

祥異

聖世休徵下爲河岳上爲日星而人瑞尤實在可據或一

産數男或五世同堂或壽臻百歲而上無徃非重熙

累洽所致謹將各黨里已呈報而核實者具列祥異

之後亦見此地爲瑞應所鍾云

宋

端平間縣北一都巖下日滴乳香凝結如玉經年乃止

咸熙已巳有瑞泉出縈禄鄉吳克已宅東楹礎石間西楹

産靈芝光彩映日

紹興九年大饑

興元十四年大旱
嘉定九年大水漂民廬舍
慶元六年五月亦如之
元
至正庚寅冬溫霹靂大雨時行草木花雨黑黍大如麥
明
永樂間十四都民黃友成於石巖中得仙墖二備五色類
碎罷邑人御史董克讓上其事取赴京師賞友成鈔
八十貫
永樂甲申大水衙舍盡圯惟文書庫及東西房存

正德庚午姚源冦焚官廨民舍殆盡天又雨黑黍

嘉靖壬午大水

嘉靖庚午大饑

萬歷戊子二十四都范姓者堂出血水三日乃止

萬歷己丑大饑死者以千計

萬歷庚寅大旱瘟疫時行斗米千錢民半餓死

萬歷甲辰三月地震十一月復大震

萬歷己酉大水

萬歷甲寅大水五月斗米千錢

天啟癸亥年大水五六月大旱

崇正辛未年七月地震

崇正丙午年年大饑石穀八錢

國朝

順治丙戌大旱赤地無収人民饑死又土冦竊發焚官衙

民舍殆盡

順治丁亥奇荒牛種俱絕民無耕具斗米值錢二千

順治戊子己丑庚寅三年虎豹縱横食人無筭

康熙元年大旱奉　部文錢粮減二分

康熙二年大旱奉　部文錢粮減二分

康熙三年大旱奉　部文錢粮減三分冬大雪氷凍樹木

皆折

康熙四年旱奉　部文錢粮減三分

康熙五年旱奉　部文錢粮減三分

康熙六年水奉　部文錢粮減三分

康熙八年旱奉　部文錢粮減三分

康熙十年大旱赤地無收奉　部文錢粮減三分

康熙十一年四月有白氣如疋練日未出時自東越西光燭地秋大疫

康熙十三年五月淫雨平地水漲丈餘浸沒田禾廬舍無筭其年閩寇竊發陷城屠掠人民逃散城鄉一空

康熙十四年大兵進勦越十五年人民離散官廨民房焚燬殆盡又大疫時行流殍載道

康熙十六年大旱奉文兵燹之後准蠲丁缺田荒賦税十分之七

康熙十七年大旱准免額三分又准蠲丁缺田荒銀米十分之五

康熙十八年旱奉文免三分仍蠲缺十分之五

康熙十九年准蠲丁缺田荒三分

康熙二十年大水慧星見西方長數十丈經月始沒

康熙二十一年五月大水慧星復見西方七月始沒

康熙二十五年丙寅歲夏大水縣治皆浸舟從城上往來

康熙三十八年大水

康熙四十二年歲饑

康熙四十三年大饑鄉民不逞者或率饑民掠食官府嚴懲少止

康熙四十五年丙戌歲米價踴貴民甚懼爲順治丙戌之續官爲設法賑卹始稍蘇

康熙四十九年秋大水漂沒廬舍田間禾穫未盡者悉遭漂去

康熙五十二年夏旱

康熙五十三年甲午夏大水舟從城上行秋大旱冬大凍
月餘不解木盡枯
康熙六十年辛丑大旱自夏至秋末始雨晚稻無顆粒收
題請蠲租放賑
雍正六年大旱成災經邑令張公廣居通報 撫憲委
官檢勘蠲租放賑
雍正七年七月地震
雍正十一年癸丑夏米價騰貴每小斛一石至錢八百
乾隆四年己未冬恒燠除夕單衣就浴夜半大風雨雪元
旦木盡冰

乾隆七年壬戌牛大疫至九月民間信術士張姓以禳之
仍不止

乾隆八年癸亥夏大饑鄉斛小斗米一斗制錢二百民間
有取土食者食而死者甚多冬十一月慧星見西方
至甲子正月始没

乾隆九年甲子夏大水舟從城上過民多漂没廬舍

乾隆十年乙丑冬月嚴寒大雪氷凍橘柚竹樟皆枯鳥雀
無棲可隨手取

乾隆十一年丙寅牛大疫

乾隆十二年丁卯春水暴發坍壞橋梁廬舍甚毁

乾隆十四年己巳正月廿二酉刻大風雨雹發屋拔木壞民廬舍人多壓死夏四月初二大水平地水深丈餘橋梁坍頹殆盡水自上清河發損沒田廬無算河中多有流尸不勝掩埋

乾隆十五年庚午春大疫時行秋蟲食晚稻冬耕牛大疫有合村無隻蹄一角者

乾隆十六年辛未牛仍大疫夏大饑米價騰貴鄉斛小斗谷一石至制錢千文復大旱民大爲饑所困流亡載道　以上舊志

乾隆二十九年甲申夏大水秋復大水

乾隆三十年乙酉秋九月大旱至丙戌正月十六始雨

乾隆三十六年　恩免地丁錢糧

乾隆四十四年　恩免地丁錢糧

乾隆四十八年癸卯大雨雹壞民廬居

乾隆五十三年戊申夏大水秋復大水

乾隆五十四年己酉夏大水

乾隆五十五年庚戌十二月大雪厚數尺民多凍死

乾隆五十八年癸丑洪水氾流廬舍多漂沒溺死者尸不
勝掩埋

乾隆五十九年甲寅秋大水

乾隆六十年乙夘夏大水

嘉慶四年大雨雹

嘉慶七年因旱偏災奏奉恩旨緩征錢糧于次年帶征緩征漕米于次年起分為四年帶征

嘉慶十八年癸酉慧星見壯方經數月始沒

嘉慶十九年甲戌六月初一冷水坑山崩河水奔流近河地方廬舍半壞民多溺死

嘉慶二十五年庚辰夏五月大旱至七月始雨禾止半收秋大饑

道光元年春夏大饑鄉斛小斗谷壹石制錢壬八百文秋

大熟
道光二年大有
道光三年夏五月大水低下田地早稻無顆粒收冬牛大
疫

# 【同治】萬年縣志

（清）項珂修　（清）劉馥桂等纂

清同治十年（1871）刻本

災異

堯咨洪水湯禱桑林雖古帝王未嘗無天災之示警然苟能恐懼修省則一言一事之善亦足彌災害而迓休祥此桑穀所以終枯熒惑所以遠徙也萬邑方洞賊未輿即有菜妖先兆自建立縣治四境安恬雖閒有水旱偏災旋蒙

恩賑葢補救之功懋矣昔朱子作綱目凡遇災異而修德施惠者必大書特書今師其意而備登之以見天道孔昭而人事尤不可廢焉志災異

明

正德戊辰七月雨異物狀如黍黑色八月後港民家
菜畦中蘿蔔葉如劍旗油菜結四實狀如鳥以上張志
萬歷四年八月夜天鼓鳴火光燭地
六年三月大水　十年饑民流移
二十六年旱　三十一年大水
三十三年十一月初九日地震　三十六年大水饑
天啟元年大水壞民居傷禾稼漂畜產崩橋梁圩堤
無算
崇正五年六月晝地震
七年大水害禾稼　八年饑升米一百文

十四年饑　十五年饑　十六年荒　十七年寇荒

國朝

順治三年四月大旱至十月方雨禾稼無高下盡槁

十一月四鄉土寇蠭起饑民從之不旬日衆至數萬

城中官民廬舍焚燬殆盡所至刦掠居民苦之

四年夏大饑斗米千五百文民乏食掘草根及土雜

糠粃食之莩屍載道

五年大饑荒亂相繼人民離散奉文錢糧徵半

十年四月雨雹大如拳壞屋瓦壓菜麥狂風拔木

十二年旱

康熙元年大旱奉文錢糧扣免二分

二年旱奉文錢糧扣免二分

三年旱奉文錢糧扣免三分

四年旱奉文錢糧扣免三分

五年旱奉文錢糧扣免三分

六年水災奉文錢糧扣免三分

八年旱災奉文錢糧扣免三分

十年大旱彌望赤地米價騰湧奉文錢糧扣免三分

十一年四月有物如紅布長丈餘日未出時自東越西其末有白氣如練鏗然有聲所過火光燭地踰時

没秋大疫
十三年五月淫雨連旬平地水深丈餘漂没田廬禾稼無算是年七月十五日闖寇陷城肆掠人民逃竄市里爲之一空
十四年四月内大兵進勦恢復追至廣信餘黨復入據城燒燬民居延及學宫東路二十餘村焚戮殆盡
十五年十月内總鎮高命中軍副總陳其善黎將佟養正守備張大相帥師誅勦餘孽招撫流移地方得以稍靖
十六年四月十七日邑令馬璐到任值大旱申報旱

災九分蒙　部議蠲免額賦十之三又奉　部議兵
燹地方黎民被其殺戮死徙田地荒蕪准蠲丁缺田
荒賦稅十之七

十七年大旱七月十七日邑令柯彥芳到任申報旱
災准免額賦三分又准蠲丁缺田荒銀米免徵五分

十八年旱奉文免徵三分仍蠲荒缺五分

十九年奉文准蠲丁缺田荒三分

二十年大水彗星見西方長數十丈月餘方沒

二十一年五月內大水田廬禾稼漂沒無算是年彗
星復見西方長數丈凡七日沒是月五都高峯嶺忽

一日風雨晦冥勢若震動狀有聲如雷須臾山崩數十丈雲霧中恍惚有物頭角尾爪俱現憑水而去一帶原隰漂没過半議者以爲蛟出云

五十三年淫雨連旬大水湮没禾稼四鄉山崩泥沙塞田無算

六十年大旱自四月初至八月初始雨晚稻枯赤粿粒無收

雍正二年六月終城中居民失火民房店肆焚燬殆盡

三年秋旱　八年七月地震

乾隆四年冬燠除夕單衣夜半朔風大作元旦雨雪

木氷

九年十一月大雪嚴凍竹與樟皆枯死

十年牛大疫

十二年三月竹屯河水暴漲春融橋右岸衝決成港淹五星橋常平倉積穀濕十之三以上李志

十七年饑　三十年大水

三十七年七月山水陡發旋渦船有滯山麓者

四十六年大旱　五十三年七月大水蒙　恩賑濟

五十五年冬大寒木介周道皆氷

五十八年七月山水大發沖塌田屋

嘉慶七年旱　十年旱　十一年大旱

十二年大旱禾有未種及稞粒無收者秋雜糧稔

十三年春夏饑

十四年五月大饑民有食土者其土色白味平性微熱俗名觀音土食土之法先用水浸次以粗布去其渣滓一分土和以二分米蕎麥粉亦可石鼓汪家嶺土更佳

十六年旱　十七年臘月大雪厚盈尺

十八年旱　十九年六月霖雨田穀芽

二十五年夏大旱

道光三年五月大水西北隅諸鄉田地俱被淹十月始涸八月張公　任查勘詳請

中丞程公具奏
恩准十一村被水田畝錢漕分作兩年帶征四年三月奉
旨借給耔種口糧一月

道光十五年大旱飛蝗入境合縣被災西北十三村木葉亦被食盡

道光十一十三十八十九二十一等年西北鄉水災

二十三年十一月大雪六日六夜竹木樹枝皆冰壓斷無算

二十四年大水

二十八二十九兩年西北鄉連年大水

咸豐三年七月彗星見於西方旋轉北方經十餘度而沒

咸豐八九十一等年西北鄉被淹

十年六月彗星見於西北之頂經六七夜而沒

十一年由除夕至元旦雪深四五尺鳥獸多凍死器具凡有水者悉爲氷裂陂塘氷厚盈尺直可行人

東塢嶺火熖培其山在團箕嶺上首下有一小塢名椅子圈同治戊辰年五月十九日辰刻雲陰密布雷電震閃烟雨迷漫至巳刻忽見半嶺上黑烟冲起數次有物如紅布狀噴湧而下崩山十餘丈陡出洪水

高三丈餘勢若懸塹不卽下停蓄約二三刻冲至蜈蚣鎮山脚下出口約二里許山下居民何姓住屋概行衝去傷男婦十餘口無何一山發水四山皆應其水由東源富林而出又有由柳家源石下源頭而出者又有由河溪大源而出者水過之處兩岸山多碎裂盡湧出水如瀑布形屋舍田畝橋梁隄墻漂蕩堆壅者無算人畜損壞亦復不少惟珠山橋南箭頭與越坳等處爲尤甚漸至樂平岬樓岡水勢漸殺被災處經　邑令項勘驗酌災輕重捐廉拯邺出水處至今倘有三洞洞約四五尺濶懸崖不可上又土人說

前二年時見有白蛇長丈餘盤踞塢内人觸之則不見湧水前二日原蛇又出竟於何姓屋裏盤踞半日說者疑此物爲禍

同日南鄉荷塘村周佗店等處北鄉南石永和上儒等村水皆不與東鄉通而田廬人畜被水損壞者與東鄉亦無稍異均沐　勘驗撫卹

八年青塘等村水災

九年二月二十五夜二更時陡然大雹如拳白馬塘東等村屋瓦皆碎鳥獸有被傷而死者

十年三月十八日北鄉與鄰邑連界一帶約二十里

大雨雹大如雞卵極大者重十二兩損壞民房無數
田園菜麥無收淺水內魚鰕俱被擊死

(明)嚴嵩纂修

# 【嘉靖】袁州府志

明嘉靖二十五年(1546)刻本

## 祥異

春秋紀異不書祥示儆也兹仍舊志並書之而附以近事亦備所聞見云耳

楚昭王渡江江中有物大如斗圓如日直觸王舟舟人收之王惟問群臣莫之能識王使聘魯問孔子孔子曰萍實矣可剖而食之惟霸者得之使者至王遂食之大美良久又命使者問孔子曰何以知之孔子曰余昔之鄭過陳野聞童謡云楚王渡江得萍實大如斗赤如日剖而食之甘如蜜是以知

今縣名萍鄉
蓋取此義

唐元和十五年韓文公刺郡日有慶雲見于州西北
至暮方散五色光華不可徧覩公表賀

南平王鍾傳有賜宅在州北化成巖下嘗産嘉蓮及
連枝李李兩株相去三尺而一枝橫連紋理無辨
傳以圖奏有詔褒美

盧肇故宅前有池産龜小而綠毛龜出則此邦文風
必盛舊傳昔年有龜十數遊於池面人爭覩之未
幾杳法行與計偕者多取高第

仰山古廟十月旦日有獅鳳見

南唐保大二年郡城火災

宋大中祥符三年七月江漲害民田壞州城

景祐三年夏苦雨水驟漲墊民廬官署圖籍倉廩皆

渰浸

元豐二年有禾一莖八穗至十一穗長者尺餘

元祐元年宜春鄉貢進士王㤗家產粟二本四穟其

長踰尺㤗異之獻於郡爲善政之致守令工繪圖

司理李沖元爲瑞粟記見宜春集

大觀四年季夏有瑞蓮生於泮水之西隅合蔕同莖

駢花並實郡守趙瑺寫之爲圖且爲文以題之

政和中仰山太平興國禪院產穀一本而七穗右僕
射張商英上表進瑞禾圖及宋大雅十三章圖成
詔許三省樞密院同觀
宣和六年郡城民居三火
隆興初萍鄉池中芙蓉春開一本而三花是年郡發
解進士四人而萍鄉居其三
淳熙七年五月戊戌分宜縣大水決田害稼
九年夏五月不雨至于秋七月旱
十四年五月旱
十五年六月水圮民廬

十六年五月丙辰分宜縣水
紹興四年自夏及秋四時皆水
慶元六年五月郡縣皆大水自庚午至于甲戌漂民
廬害稼
嘉泰四年春大饑殍死者不可勝瘗
元至正四年萍鄉州治前鳳凰池蓮生一本二花駢
首並蔕夏鎮記
國朝永樂十年夏猛虎為害僉事黄翰為驅虎文禱
于城隍之神
天順八年夏四月大水秀江橋圯

宣德九年旱民大饑十年旱饑

成化十四年四月十六日大水

弘治七年冬嚴寒林木枯摧人行凍死八年夏秋四

縣旱饑

十年少師分宜嚴公書舍產瑞竹一莖七節上分兩岐

十四年夏萍實門外有塘蓮開一枝雙葩分宜知縣

吳蘭解庭中梧桐有甘露降

十六年夏大旱民饑

十七年夏袁山門外池生蓮一枝雙葩

是年十二月分宜縣火燔民廬五十餘延燔儒學前

坊及安仁驛

十八年二月分宜袁嶺白氣如虹上騰三日

正德元年秋七月大水山崩橋壞塹民廬舍早稻化

泥出秧

二年夏大仰門外池生蓮三本皆同帶異萼

三年旱饑

四年旱大饑民藏林莽中要負米者奪之或群其黨

數百發富民廪強糴是歲竹生花結米民采之食

五年旱

六年秋監生韓繼善家石榴一蔕結六實

七年旱

八年旱是秋九月郡城火燔民居百餘家延燎湖西道門惠民藥局府學西二齋并門廊宰牲房

十五年萬載大水

十六年分宜大水没民舍丈餘

嘉靖元年春夏大水漂没民居萬載龍河渡沙洲出四月萬載櫺星門前池中雙虹見自南竟北五日次年三月學前雙虹復見者三日

十二年四月府大水頃刻深丈餘壞民廬舍漂禾麥

十三年正月初八夜萬載學禮殿東廡平地火光燭

天經數刻滅

十六年分宜儒學東嚴氏世德堂之左梁產芝草一

本色赤煥大如盤十九年鈐岡月山下產芝草數

本其色紫

二十二年正月府城宣化樓火延燔民居數十家二

十三年正月一日秀江橋火

# 【同治】分宜縣志

（清）李寅清、夏琮鼎修　（清）嚴昇偉等纂

清同治十年（1871）刻本

祥異

唐

盧肇觀光故宅前有池產龜小而綠毛舊傳昔有龜十數遊於池是歲與計偕者多取高第

宋

大中祥符三年七月江漲害民田壞城池

景祐三年夏苦雨水驟漲壞民廬官署圖籍倉廩皆湮沒

淳熙七年五月大水決田害稼

九年夏五月大旱至秋七月

十四年五月旱

十五年六月水圮民廬

十六年五月大水

紹熙四年自夏及秋多水

慶元六年五月大水自庚午至甲午漂廬害稼

嘉泰四年春大饑殍死者不可勝瘞

明

宣德九年旱民大饑

十年又旱饑

宏治七年冬嚴寒林木枯搉行人凍死

八年夏秋旱饑

十年嚴少師書舍產瑞竹一莖七節上分兩岐

十四年夏邑令吳蘭廨庭中梧桐有甘露降

十七年十二月火燔民廬五十餘連燔儒學前坊及

安仁驛

十八年二月袁嶺白氣如虹上騰三月

正德元年七月大水山崩橋壞塾民廬舍旱稻仆泥生

秋

十六年大水丈餘漂沒[illegible]

嘉靖十六年儒學東巖氏[illegible]堂左梁產芝草一本色赤大如盤

十九年鈐岡月山下產芝草四本其色紫

萬歷十六年六月大水平地水深一丈漂沒民舍邑令以一小艇援家人出相傳蛟出萍鄉溪漲驟湧人不爲備室廬器物浮江而下人多淹溺

四十年四月二十八日大水

四十二年饑穀價騰貴道路相攘奪

崇正四年夏地震居民多自牀墜地瓦屋皆裂

五年秋地震冬十二月天雨穀黑色遍地可食人多

拾之至數斗

九年夏大旱穀每碩至八錢

十一年春正月日下有日黑光摩盪凡二十餘日

十五年春地震夏五月大水人民漂沒無算九月復

大水

十六年夏五月大旱

十七年春二月地震

皇清

順治二年桃李冬實

三年夏秋大旱百餘日赤地千里

四年春大水麥皆淹死奇荒百姓餓死枕藉白骨如山穀每碩八九兩米每斗一兩八九錢士民多闔戶死者

五年十二月棚賊踞府城分宜戒嚴

六年正月城復

十一年秋有蟲食禾

十五年蟲食禾

十八年五月大水禾稼俱被淹

康熙元年五月大旱

三年異端惑衆有愚民剛三等擕婦女數人從萬年橋躍下口稱登仙遂溺死

四年夏五月旱

九年冬十一月大雪二十餘日樹木皆折禽鳥皆餓死鳧飛蔽天

十七年譙閣大風拔起離地三尺有白氣從水南横江合邑震駭

十九年十月二十二午刻地震有聲門壁振動

二十三年夏大水平地深丈餘縣儀門內科房倒塌

案卷漂沒

四十五年邑令周鞫獄城隍廟有巨蛇墜落公座畫

晦

五十三年十二月大雪尺餘凍冰深二尺餘寒甚

雍正元年五月大水平地三四尺城居人民多登樓避

水

七年正月甫立春大雪冰柱長五六尺寒甚大有年

穀每碩二錢零

八年六月霪雨傷稼禾長秧無大害

十二年大有年

十三年春夏間穀價平賤每碩價一錢六七分

乾隆元年秋稔

四年除夕大熱人衣單揮扇五更嚴寒大風雪

八年穀價騰踴人相攘奪發倉平糶

十一年五月初一日大水平地丈餘倉穀被淹詳請借糶

十三年夏邑西北樓霞晴明忽大雨溪漲有龍翔於半天遠近村民皆見鱗甲秋八月豐樂鄉雙源李宅前梅花放

十六年十七年夏俱大旱穀碩至一兩餘秋九月邑

北高林寺牡丹花放並蒂雙花

三十年春盡夏初大荒穀價每石騰踴至二十兩許詳請平糶人心始安

三十一年七月二十日雨雹

三十二年三十三年三十四年邑北連年虎災

三十六年冬十月邑北旌儒鄉環橋後園雪毬花放

三十八三十九年連歲大有秋

三十九年邑西橫坑任宅鳳尾草開成鳳者以百計頭翅俱全觀者如堵

四十年春無雨栽秧遲早稻薄收晚稻西北鄉有蟲

四十二年早稻大熟晚稻微有蟲傷

四十三年夏大旱自五月不雨至於八月穀價騰湧

四十四年五月大水平地深四五尺

四十六年大有年

四十八年大水損禾稼秋八月邑南逢塘紅梅華

四十九年四月大水平地深五六尺五月邑南江東坪大火延燒民居百餘家

五十二年有年

五十三年大有年

五十八年四月晦二十都隕石於田聲如炮其色黑

五十九年春趙宅瓶梅實其數三

六十年大水平地深三四尺

嘉慶元年正月初一日大雪冰結厚尺餘

六年邑南七都王宅火延燒民居數十家

七年旱

八年大饑

十年邑北介溪黄土嶺産瑞竹一莖六節上分雙歧

十二年西竺庵鳳尾草開屑數百枝

十三年十一月地震

十四年三月大雨雹

十五年檀溪李宅花園蘭花一幹開十二枝

十六年邑西塘邊彭宅鳳尾草開花數百枝形似鳳

十七年邑南洽村大風拔木毀屋

十八年十二月大雪高山厚丈餘

二十年夏邑南盧宅大火延燒民居數十家

二十五年大旱累月虫螣交災父老嘆息創見饑民

絶粒無所不食邑廩生羅士琪目覩心傷作饑民嘆

十六首以達民困官乃開常平倉平糶

掘蕨根云父曰嗟兒來前瓶無粟囊無錢朝上南山

掘蕨根南山朝露零淚痕其二云母曰嗟兒來告室

無鼠野無藪北山蕨根倘可劚倚閭魂銷子規哭其
三云蕨未生掘蕨根蕨根瘦殤露痕春猶空兮日將
昏腹已饑兮和泥吞其四云杵蕨根濾蕨粉粉盈勺
蕨盈掬草根食盡計已窘更思夜雨採朝菌土茯苓
一名仙遺根本草爲瘡家要藥云土茯苓苗未青兒童癤毒胥搜尋
消腫潰膿藥中聖而今眼前瘡難醫且掘茯苓救殘
命土麥冬其葉如竹名淡竹葉似麥冬核一斗粉亦如之然其性大寒食者嘔泄云土
麥冬竹葉濃肩荷畚鍤扶短筇一掬不盈山已窮鶴
形鶴脛瘦難支幾處僵餓白頭翁采艾云居無奈出
采艾弓鞋滿面抹泥墻姑挈衣衽嫂襭帶小叔不歸

頡羹盡鄰婦喃喃索米債掘葛云怪咄咄深掘葛碎骨爲粉乞生活本根不庇藤亦絕無絺無綌君莫嘆嘆息腸空腹如割苧蔴子多食足軟云朔風吹冷裂衫苧苧實離離將盈筥歲寒逼我衣歲凶迫我煮噫嘻未見神農書四肢病痿不能舉穀樹皮造紙所用云火燎原野絕嘉穀穀樹能禁旱魃毒幹老劈可薪皮軟烹可粥吁嗟枝葉無所附裸虫更甚牛羊牧蕎絮云蕎實貴如珠蕎花乾如絮貧極炊珠難飢極餐絮苦君不見去年棄擲塡道旁和草飼猪猪不齕禾稈云早稈珍白玉晚稈抵黃金剉之碎金屑磨之飛玉塵君不

見老牛齒衰不下咽田父張口如啖蓼野蒜本草名苦蒜一名牛不食云家蒜何辛野蒜何苦苦入吾心甘塡吾肚那得十萬頃更供千萬戶地菌云地毒生菌菌毒殺人飢當糊口窮不惜身但能度今夕何必算來晨觀音土袁臨有土五色嫩滑如粉名觀音土渝西有採蕨童子遇老人指示之曰此土可食忽不見因取食之果然然多食則脹滿不下咽往往有因而致死者云一家閉倉千家懸釜里無爨烟僵臥如堵觀音曰嗟予不忍爾覩拚出大倉粟堆作山頭土其二云豪家催租怒胥催賦枯骨割膚請登鬼簿觀音曰嗟予不忍爾苦剖出慈悲心化爲飯顆土其三云天不雨金下民無怙天不雨粟下

民無味觀音曰嗟予爲開地府爾且爲蚯蚓共食槁
壤土其四云地剥其膚媧莫能補山鑿其骨娥不勝
負觀音曰嗟予爲告坤母赤子匍匐來食盡南山土
道光元年四月朔日月合璧五星聯珠
有秋
二年大有年六月邑南檀溪大火延燒民居百三十
餘家九月捕署桃花放
六年五月二十七日有蛟由武功山袁郡以上大水
奔騰泛濫冲毁狀元洲江北店市田廬俱淹沒傾圮
溺死七百餘人分宜城中低者水深丈餘高者亦六

七尺浸淫常平倉穀沿河兩岸禾稼傷盡報上委員
查勘緩征錢糧七八兩年帶征八年五月大風拔木
十一年大水較六年水跡僅減尺許其有傷田廬禾
稼如之穀價昂每石糶至二千餘文民大飢縣主報
上發倉穀平糶月餘
邑紳袁人伯大水行云歲維丙戌月季夏火雲煽煽
殺禾稼低者草亦黃高者地爲赭恨不倒捲滄海潮
傾向此邦下六月廿四日西風颯颯作雨意淅瀝澎
湃纔連朝父老駭聞大水至亞夫之軍從天降半信
半疑走相望陰雲慘淡月昏黃頃刻及階旋升堂衣

物棄不顧舉家盡張皇富家樓幸固貧家屋如欹夜半慘聞號泣聲己身雖安心酸悲水氣蒼莽幻蜃市天光不光影熹微登樓狂呼舟子來恨不身輕學鳥飛大舡小舡簷邊集停篙索錢乘人急此時魂已三舍空此時命不一錢值風定雨止漲初落鴟啼鴉噪和鬼哭江魚果腹厭腥臊浮屍狼藉積山麓吁嗟乎生前苦把榮悴分死後貴賤那復論人生會有極逝者總如昨到此彭殤理可齊今古茫茫一邱壑殷勤郊垌來五馬嗚咽哭聲徧原野攀轅泣訴炊無米驅之驅之慚民爹

皇恩稠疊舊有例先發賑貸後蠲賦願汝少緩須臾死待
余申文報大府吁嗟乎前月禾黍苦焦枯今日高低
成沮洳默回元氣賴官長請看鄭俠流民圖
邑庠羅士琪大水行云久旱百川涸如轍蛟龍怒沸
萬山裂一雨三日水拍天枯槁餘黎盡魚鼈千年水
怪興武功崩崖破壞來江中秀水東下半飄泊袁郡
江北成長洪水逼人立屋上屋屋如舟浮滿舟哭哭
聲震盪波勢高須臾吸入陽侯腹棟樑榱桷橫中流
善泅健兒撈未休幾處伏屍絓柳岸蛇盤蛆嘬無人
收昔日廬舍今溪壑禹甸茫茫一沙漠土不存毛地

無皮聲絶雞犬與鷹雀武功之西萍最衝斗城傾圮

水軍雄醴陵鄰卻原陵沒彼縣天地況冥濛安福武

功東南下渺若銀河向空瀉洪波滚滚奔新蓮膡有

茅茨在山者見所未見聞未聞行路斷腸淚紛紛百

年生聚付淪喪旱魃之虐猶後焚、

十五年夏秋大旱自五月至八月不雨早晚禾俱槁

歲荒報上委員查勘緩征十六年帶征

十六年四五月穀價大昂民飢歲有秋民始安

十七年有年

十八年四月大水縣城内外水深三五尺不等

十九年有年

二十四年五月大水縣城內外水深三五尺不等邑西北水漲龍標書院水深四五尺傷稼冲壞民居

二十七年五月初四五大水沿街競渡禾稼傷甚

二十八年五月邑西北江漲甚大壞屋淹禾田多壅塞冲毀

二十九年邑南歐陽嗣李住屋門前栽有西瓜數莖七月下旬內有一蔕双瓜咸稱瑞事是年秋闈揭曉其子棠集兄弟同科

咸豐三年五月髮逆竄省圍城邑川漲居民見大水燈

光無數自昌峽由鐘嶺而去若神兵然七月後彗星見

五年十月十七廣碼竄擾去後虹亘中天十一月髮逆踞城擄民倉穀賊羅居民髣髴見陰兵夜過北城至七年十月官兵克城賊遁八年六月無雲而雷

同治二年六月亢旱青黄不接民心皇皇邑令錫榮跪行禱雨自署抵昌山孝通廟甘霖立霈

五年石鎮玉虛觀旁古樟樹杪叢生素心蘭一株詩人唱和紀事

七年十月霪雨至八年六月止穀價騰貴九年穀價

又貴

瑾御史鄒玉藻皆嘉其行詣爲敘其實年八十八以
壽終道光元年國史館奏請趲輯纂修大清一統志
邑令曹人傑具文申詳
誥封奉政大夫鍾嘉燕邑庠生輞溪人學問淹雅品行端
方衣冠言動造次必以禮法碩德所貽誕膺多福壽
八十有六子三長定邦乾隆壬辰進士任兵部職方
司員外郎孫七曾孫七元孫二親見五世同堂洵屬
昇平人瑞
庠生嚴思發妻趙氏介溪人秉性溫柔治家勤儉上事
三世克盡婦職享年九十有三眼見五世同堂子升

銳升曉脩歲薦升悅列縣庠孫爲棟爲樑爲柱爲榮俱列縣庠曾孫性善中式副榜從麟郡庠元孫效鯤效鵬邑庠嘉慶五年巡撫張　奏明奉旨賞賜匾額絹米

黃汝達郡增生樓霞人志好振興嘗倡建邑考棚經理賓興會刱立本族義倉郡城試館暨近境各橋凡諸義舉皆輸重貲妻鍾氏逮事重慶得歡心勤內政汝達所爲氏贊成之祥和之氣蒸爲瑞徵嘉慶二十四年氏年七十有七親見長子國學生其葆子大獻邑庠孫松森邑庠曾孫五福五世同堂中丞瑞題請

旌表奉

旨賜給遐齡綿瓞匾額並緞疋銀兩季子其瑚候選主簿

歲貢生　贈文林郎新蔡知縣習祖厚妻林氏淑慎徽

柔訓子家駒家騋同捷南宮分發即用知縣迎養衙

陽祁陽孫皆列生監五世同堂現今九十有七

生員吳元龍妻嚴氏性柔淑喜周卹鄉鄰事翁姑無違

禮佐夫教子有賢聲長男曰濂列邑庠三男曰含大

學生孫體寬邑廩生曾元繞膝眼見五世

貢生康作新妻張氏克守女箴勤襄家政相夫成名篤

祜貽後子二長華國庠生次受燕監生孫曾濟濟壽

躋八秩目覩五世人共羡之

胡攀模妻梁氏職員學新之母恭儉溫柔慕桓孟之高風守郝鍾之遺範現年八十有六目覩子孫曾元五世一堂邑侯龔旌以瑤池婺煥

顏之能妻盧氏節儉持己端肅範家子早逝撫寡媳彭氏相與竭力撑持撫育後裔眼見五代孫曾數十隆師課讀老且彌篤年九十有一

袁作礪邑西江邊人貢生作梅之從兄郡庠作楫之胞兄堂兄弟八人奉祖遺訓以敦孝弟篤恩義勤耕力學垂爲家範年八秩舉鄉飲瓜衍瓞綿五世同居食

指至百餘人一堂之內雍雍肅肅無惰食亦無詐語合邑僅見督學王昇以孝友肅穆旌其廬子從訓入大學孫榮森邑庠[illegible]文英復踵相接人咸謂厚德宜昌云

邑庠生楊曰煒逢塘人幼博覽經史文藝力追先正因試棘闈弗遇爰精岐黃術手編醫學淵源數十篇延診病者輒隨手愈遠近咸德之爲人爽直樂施居族長以禮法垂訓其小宗一支孤無依貧無立錐教養婚配任爲己責邑中考棚義學鄉南賓興及道路橋梁諸善舉悉捐貲倡建未嘗有德色以故一堂五世

後裔繁衍累葉青衿不輟壽八秩廣東翰林何南鈺

爲之序道光四年大中丞孫 請

旨賞賜匾額銀緞又八年而卒

大學生楊堪道妻歐陽氏淑柔嫻內則孝事翁姑勤

襄家務族里咸賢之現年八十有九子錫圭入成均

孫二業儒曾元濟濟隆師課讀必忠且敬氏翁曰煒

五世同堂氏亦同此慶洵人瑞也道光二十四年督

撫二院繕摺具奏

朝廷獎賚有加隆焉

生員夏侯鼎旺溪人年九十六歲親見長子邑庠生瑩

之孫舉子呈報縣憲楊公振綱懸牌賜批批云傳家孝友秉性淳良沐雨露於 四朝已近期頤之壽衍嘉祥於奕葉遞承色笑之歡賡繩武之章祖還侍祖誦貽謀之句孫又生孫綵戲萊衣快覩一門聚順籌添鶴算懋昭五世其昌洵爲盛世之休徵宜沐旌揚之鉅典覽詞忻悅聽候申詳其嘉獎如此士林爭傳誦焉

大學生袁仕峻石陂人妻李氏性柔淑嫺內則佐夫興家延師課子悉中禮法次日煌國學生四日榮邑庠

生現年八十三眼見子孫曾元椒聊蕃衍五世同堂
林上荷顧村人鄉賓年九十五世同堂道光乙未
恩賜眉壽延慶匾額子光陞光勳俱國學生孫紹唐紹岐
家翰俱邑庠生
舒家聲現年八十爲人愿謹傳家忠厚後嗣蕃衍眼見
子孫曾元兩學師獎以五世同堂匾額洵屬
昇平人瑞
監生鄧成章妻賴氏新喻晝江賴華山女性端靜閒雅
勤婦功朝夕不輟夫商宦風市廣交遊而慷慨好義
氏贊襄家務數十年備嘗艱辛家貲既裕凡鄉鄰戚

族有衣食不給者悉推與之無吝色年踰八旬猶手治枲麻有古敬姜風子二長枚次庚斗孫四敷華曾孫六思舜俱大學生元孫爲仁椒聊蕃衍五世一堂享年九十有三人咸謂盛德之報云

恩賜登仕郎任天德邑西横溪人持躬正直處世公平身居族長家範凛然誠一鄉善士也至於尊師課後尤能造用有成子錫齡孫汝達俱邑庠享年九秩曾元如林宜邑進士徐公輔忠贈以五世同堂匾額洵可謂厚德載福云

彭帝彩邑西塘邊人幼有至性孝友敦篤人無間言在

鄉井排難解紛所到人咸欽服乾隆五十九年壽登九秩服見五世本府教授紀公徵善贈以碩德衍慶匾額復贈以詩有句云眉介九旬筋力健堂羅五世彩交鮮年九十六而終人以爲醕厚之報食福正未艾云

林有樂白水人孝友樸誠古道可風喜與讀書人交好嘗延名師課後嗣道光元年榮膺冠帶享年九十有二眼見子孫曾元一堂五世森森林立尤多俊秀

李尙璜臚前人少習儒業內耿直而外和平治家敎子敦宗睦族里黨欽服現年八十有六五世同堂允推

昇平人瑞孫覲化應俊秀科

鄧斐莽妻賴氏事姑嫜無違禮治家勤儉有法相夫訓子聿著賢聲眼見五世同堂享年九十有三

耆壽

明

彭珪西岡人爲人孝友正直以敬宗收族爲己任族子編修鳳彷古禮舉行家約推珪爲約長珪糾察一秉至公族人化之邑令重其行舉爲鄉飲壽官晚年自闢别業號杙園翁年八十餘以壽終子孫蕃衍多列青衿膺歲貢者人以爲盛德之報

皇清

吳宗芝萬溪人存心忠厚制行樸實排難解紛鄉稱善士享年九十有六孫起潛附貢生曾孫兆遇兆通元龍並列邑庠

歐陽任防里人光緒孫天稟純懿以肫赤自矢無機事并無機心孝友之行不事雕琢而動與古會初攻舉子業試弗售徜徉山水慕陶隱居高風自號儕栁見志也乾隆元年欽奉恩詔賜八品冠帶乾隆二十年乙亥壽躋百齡

趙贊顏本城人永豐訓導趙鳴鏜季子好讀書性情渾

樸有古獨行君子風鴻臚寺卿袁芳松贈以琴歌自樂匾額享年九十四歲

袁國柄紐村人性質直孝於所生庭幃豫順居恆好義通財鄉里交口稱善士隆師課子迄用有成壽居九十郡司馬翟照庭重其行誼贈以德備箕疇匾額乾隆元年遇

覃恩准予八品冠帶子孫蕃衍書香丕振

鍾瑞彩弓江人天性渾厚古道照人壽九十有六其從子立彥沉靜質朴恬淡寡營壽九十有七

歐陽宰防里人厚重簡默端謹而和平言語敦龐鄉里

推服壽九十有四

戴仕雲重田人少歷艱辛骨堅強而神凝鍊抱璞全眞前民矩矱現年九十五歲

郭邦達邑南八都人慈祥豈弟好行其德恒以讀書極高爲善最樂二語垂爲家訓老成典型甚負鄉望現年九十有二舊志

郡庠生李成枚城內紫荊樹人篤學勵行敦崇本原尤孜孜以詩書爲貽謀嘗搆精舍延師課子享年八十邑侯予匾贈磻溪雅望學憲金德瑛匾旌清世人瑞子六長定國邑庠生享年八十有九次定求郡庠生

享年八十有五次定觀大學生享年八十有七次定山業儒享年八十有九次定點邑庠生享年八十有一次定茂業儒享年八十有五嘉慶元年

恩賞九品冠帶孫枝蕃衍汝鳳汝凰汝隆汝崧汝英汝棠俱庠生曾孫宏謨瓊玉宏盛亦諸生餘皆杰出指不勝屈一門之内五世同堂壽考疊增人文蔚起前任袁臨督閩府德勝保贈以花萼長春誠晚近所希觀云

晏廷楫西溪人飲賓濂次子存心平恕立品端方嘉慶元年壽九十榮膺九品兄弟八人同事八旬老母庭

闔聚歡享壽者四次弟廷杏郡庠年八十八次廷櫰邑庠嘉慶乙亥鄉飲介賓現年八十二次廷森國學年七十八皓首同堂不愧紫芝凝瑞花萼聯輝之目

孔定海存心忠厚制行樸淯現年九十八嘉慶元年榮膺九品邑侯雷給額澤隆仁望道光二年邑令龔贈匾額碩德延年

黄昌言建溪人秉性公平里推正直乾隆庚寅庚子庚戌三邀

恩給肉帛享壽九十八

李夢奇小忙人嘗倡建族祠置買祭田在鄉曲排難解

紛人多重之屢邀

恩賞冠帶享年九十七

鍾茂蘭輞塘人忠厚渾樸有懷葛風嘉慶元年榮膺九品邑侯雷額以盛世耆英現年九十六妻袁氏九十三齊眉偕老四世一堂

謝光彩國學生中巷人雅好詩書品行端方道光元年榮膺八品享年八十二

劉文吉檀溪廟前人厚重簡默意氣和藹累邀

恩賞冠帶道光元年壽躋百齡題旌建坊

周家梓醴礱人享年九十同進士嚴秉璉題其堂曰西

岐人瑞

李夢兆小忙人享年九十四子梓青名列庠序

彭烜東溪人秉公持正敦族睦鄰享年九十三

周畔醴龍人享年九十三長孫生員周大擀亦年登八

秩尚書紀昀贈以尊符勤首

丁之鳳乾隆五十年

恩賞給米嘉慶元年榮膺九品知縣雷載贈額

皇朝崇德享年九十三

舒廷蘭嘉慶元年榮膺九品知縣黃維綱匾旌梁孟雙

輝壽九十三

趙廷栱嘉慶元年榮膺九品享年九十二
歐陽堪防里人年九十二嘉慶元年榮膺冠帶
李夢祥小忙人享年九十二嘉慶元年榮膺冠帶
嚴秉璜介橋人邑諸生孝友成性學品兼優教授里中
師範嚴肅人敬服之課子思文列膠庠諸孫皆佩服
祖訓兩沐
皇恩享年九十一
劉國楨享年九十二道光元年榮膺冠帶
陳光彩享年九十三嘉慶元年榮膺冠帶邑侯黃步堂
給以昇平人瑞匾額

鍾掄珂邑庠生長塘人孝友性成古道常存接引後進
造就多方道光元年榮授七品享年九十一
夏侯文涼池塘人雨沐
恩賜享年九十一
劉嘉謀施溪人爲人忠厚秉性正直妻彭氏舉案齊眉
四世一堂雍睦可風享年九十一邑侯温贈額德達
天階子學達道光元年邀
恩賞邑侯曹旌以箕疇錫福
歐陽義防里邑庠年九十一子翮翩監生孫昆玉業儒
彭坤東溪人現年九十二學憲王贈以經濟椿榮匾額

道光元年榮膺冠帶九年壽滿百齡呈明請

旌

李廷佐斜溪人爲人樸實言笑不苟享年九十一妻謝氏鴻案相莊學博洪詔贈以錫齡同夢

李學轍斜溪人勤儉持家不尚浮華享年九十嘉慶元年榮膺冠帶

歐陽上京字帝俞防里人性和厚好施與年九十鄉里稱善八子藻業儒

李兆規吏員東溪人賦性戇直不事鉛華壽九旬累邀

恩賞

張友盛張坊人和平正直齒德兼優嘉慶元年榮膺九品年九十二

晏有綸國學生上坊人性質純厚諸事克明大體尤喜文士嘗構精舍延師課諸子姪禮貌必豐必恭享年八十三

宋熏坊廂人邑增生孝事繼母勤於著述創宗祠祭田義學爲承先啟後計享年八十四

夏侯峻池塘人才具幹練經理族政井井有條壽八秩學憲潘旌以鶴算綿長道光元年榮膺八品現年八十六

劉仕鎮水東人涫朴端方老成鍊達嘉慶元年榮膺九
品妻黄氏共挽鹿車伉儷偕老享壽八十五
夏侯穰池塘人安分守己敦崇古道嘉慶元年榮膺冠
帶享年八十六
黄廷新國學生樓霞人公正好義邑設賓興會捐田租
爲首倡主族政十餘年興祭建隄崇本植基子孫世
食其德壽八十二與八旬德配鍾氏鴻案齊眉欣賡
偕老子汝達郡增
歐陽璟字泰舒防里人樸謹謙和孝友足多現年八十
六道光元年榮膺冠帶

周作霖醴鶴人幼失怙事母郭氏以孝及壽終日以祝

悲錄祭田吟爲兢兢宿學名士贈詩盈篋著有抱愧

集年八十八

劉郁堇施溪人孝友性成喜善樂施享年八十六

任洪圖横坑人例貢生勤儉持己溫厚待人享年八十

督學曹贈額眉壽臻川

鄧文清享年八十有五歲

宋瑞應享年八十二歲

歐陽上榮防里人郡庠生忠厚和平享年八十一道光

元年榮膺冠帶子進道光己亥舉人

夏侯秀餘嘉山人剛方正直詩書訓後偕妻吳氏年登八秩學博楊邦彥旌以德諧眉壽

李從周西坑人居年洙傳家忠厚植品端方現年八十八道光元年榮膺冠帶

吳國瑞鳳形下人易直慈良能識大體現年八十一道光元年榮膺冠帶

任天佩公直嚴於素履孝友本乎性天現年八十一道光元年榮膺冠帶

王斯訓桃溪人例授從九職性方直喜施與嘗作百忍橋行人利濟次子秉榮登上舍壽八十三眼見四世

周瑞彩醴譬人嘗倡建族祠置祭田持心公平鄱陽令

陳聖修表以碩德長春享年八十二

謝芳杰坳背人大學生幼習舉業屢試未售雅好詩書

品行端方享壽八十一

李鵬翔小忙人誠實端方言無妄發享年八十八從子

夢吉夢賚孫枝馥先後列郡邑庠生

張璁長富人邑庠生確守臥碑樂道忘貧竈蛙釜塵猶

吟哦不輟現年八十三

黃正匯邑西恩橋人忠厚公平殷勤課讀壽八十三子

榮錠好義矜持敬宗收族學憲潘獎以廣[illegible]

額壽八十二孫烜庠生

吳曰信白芒人忠厚傳家勤儉持己產雖落隆師課讀惟以詩書啟後嘉慶元年榮膺九品邑侯雷贈額敦倫光序子五長學鵬邑庠生

黄其漢樓霞人好善慕義飭紀敦倫秉正直以持己存公恕以待人享年八十子大器邑庠

黄世韛國學生芳山人性秉渾噩志好振興邑中賓興義舉捐租百石鼓勵多士現年八十二

李紹游昌山人性孝友持行謹嚴雖積學未售詩禮之訓四世一堂相傳弗替嘉慶元年榮膺九品邑侯雷

贈額德膺寵錫妻袁氏夙嫻閫範舉案齊眉壽八十九督學汪旌以淑德遐齡子仕遇嘉慶元年榮膺九品仕逢監生仕進邑庠

周駿聲西坑人國學生才德並茂品學兼優尤精岐黃術活人無數現年八十八道光元年榮膺冠帶子森藩衍

吳維凰坊上人秉性鯁直待人謙恭享年八十六嘉慶元年榮膺冠帶

袁學汾江邊人孝友性成詩書貽後子姪守其家訓五世同居書香丕振見祥異作礪志嘉慶元年榮膺九

品邑侯雷載旌以德膺

恩綸享年八十一

周官澤溪人性嗜學至老不倦誘掖後進多所造就享

年八十一子維浣享年八十四嘉慶元年榮膺九品

邑侯雷贈額德膺

綍綸

劉之瑛七都施溪人才能排解雅尚敦龎現年八十一

道光元年榮膺冠帶

李夢賚小忙人附生存心忠厚待人謙冲耄而好學士

林仰之現年八十五

李師羌東溪人性樂烟霞詩書課後嘉慶十四年榮膺

冠帶現年八十八

周尙鏡醴礱人秉性渾厚爲人耿直道光元年榮膺冠

帶現年八十四

劉之臻施溪人秉性耿介持躬勤儉享年八十四

趙廷英城東人年八十三少穎悟力學從族兄淡園肄

業宜春霞山經年不歸舍爲文洋洋灑灑不寄人籬

下試前茅不遇遂絕意名場日以經史訓子長文藻

邑諸生次文蔚壬子孝廉任南城教諭

周大扣醴礱人賦性正直接人和平嘉慶元年邑令雷

賜以寵榮鳩杖三年府學師贈以榮分渭水享年八十九

李公幅陂田人立心公平廣行善事父病三年侍奉罔懈嘉慶元年獲邀

恩賞享年八十二

嚴思芹介橋人邑庠生性孝友喜博覽經史持己待人俱本真誠有古君子遺風晚年子孫蕃衍聚順一堂人咸謂厚重所致享壽八十七

嚴思璟介橋人質直明大體鄉里目爲老成現年八十三

嚴宗景介橋人賦性質樸古道照人現年八十三

李大定車陂人附生品行端方安貧好學壽躋大耋榮

膺冠帶

周大勳醴磜人生員爲人渾樸力學篤行年八十四進

士楊曰鯤贈以鴻儒杖朝匾額

李承斌檀溪人素性忠直居鄉公平享年八十二

嚴秉慧介橋人持身勤儉於鄉中義舉樂輸弗吝子孫

林立均食其德享年八十二

李學軺斜溪人性情和平出言有章享年八十五嘉慶

元年榮膺冠帶邑侯雷贈以荆花天寵

吳維國坊上人郡增生持身謹慎確守臥碑享年八十
五子文璒邑庠忠誠厚重儻有父風享年八十四孫
必透監生必達邑廩生

曾添宗秀水村人醕謹篤實古道自敦學博能恭崇贈
額大耋凝禧享年八十九

李宜呂箬坑人勤儉持己忠厚傳家道光元年榮膺冠
帶現年八十一

郭濬邑庠南岸人品潔行端鄉閭矜式耄而好學有老
成風度享年八十二

郭承定邑庠南岸人恕以待人嚴以繩己品學兼優入

咸欽仰邑侯嵩贈額年高有德享年八十六

吳兆暲萬溪人端方正直主族政事無鉅細一二語處置了然剛方之性至老彌堅現年八十三

李日顯邑庠昌山人博通經史學有根柢族中子弟多所造就年八十七以壽終妻張氏幽閒貞靜允推女宗享年九十二學博陳翰文贈額子三毓珊贈奉直大夫璨邑庠瓚性清潔好行善事享年八十八

彭桂鼎邑庠西岡人厚重簡默篤行孝友爲文端莊有體課子姪以經史爲本督學汪旛以德年並邵享年八十餘子光瑩郡庠

王沛鷺溪人醕樸自守古道可風現年八十八

彭文煒下田人品端行正潔清自守尤能以排解見重鄉里嘉慶元年榮膺冠帶邑侯雷贈額德膺寵榮享年八十七

盧定卿坑上人正直寬平自少至老以勤儉二字爲箴規排難解紛鄉閭敬服道光元年榮膺七品現年九十二

張大晃羅田人創家塾置祭田享年八十一邑侯黃維綱贈額品重鄉閭子文熙監生鳴盛庠生孫枝蕃衍並列膠庠

袁洪恩白芒人德性仁厚尊修族譜捐建橋梁年九十

榮膺八品子曰麟邑庠孫朝達授按察司照磨

劉明達現年八十六歲

李公鈐陂田人秉性剛方不狥私曲嘉慶元年榮膺冠

帶學博贈以熙朝人瑞享壽八十五

龔美英絲茅坑人眞性樸直出言有章嘉慶元年獲邀

恩賞邑令雷鋐題其門曰國恩家慶壽八十一

習家福以經商起家邁跡自身喜延師課後嗣性耿介

息訟爭勤勞至老不倦年近九旬卒道光元年

恩榮八品子三世光國學孫曾林立祥經職員祥綸國學

張啟海高宜村人厚重成性鄉里推服道光元年榮膺
八品現年八十三
鍾聯金觀光人壽八十三性質慤爲鄉族排解紛難人
敬服之延嚴師課子化龍化民列膠庠妻嚴氏亦年
登大耋
會衍玧院坑人幼習詩書敦族睦鄰道光元年獲邀
恩賞進士周步驤以熙朝耆英額其堂壽八十
鄧永觀國學生南岸人副貢達孫孝事父母和處族鄰
濟急扶危樂善好義人稱渾厚老成享年八十
鍾惟照鍾家坊人心術正直品行端方爲社長精明幹

鍊知縣黃維綱贈額年高德劭年八十二

周學淇西坑人慈祥愷惻孝友天成現年八十九道光元年榮膺冠帶子廷相諸生

劉照賢醴龔人勤儉持家謙和處世現年八十九道光元年榮膺冠帶邑侯曹人傑給額鶴算頻添

張大昱羅田人行事質直居心和平排難解紛鄉稱善士享年八十六子孫會元如林

歐陽疇落星湖人幼習舉業質本剛方享年八十有二例授登仕郎妻夏侯氏享年九十三子稅國學生孫紱附貢生

王斯樂桃嶺人行誼端方孝友克敦享年八十三

李洪基陂田人幼習儒術屢試未售居鄉黨排難解紛人多重之壽八十一

胡士汲礱源人安分守已勤儉可嘉道光元年榮膺冠帶現年八十二

劉之瓊施溪人謹厚篤實不尚浮華敦族睦鄰樂善好施年八秩刑部郎中楊曰鯤贈以齒德並著子二定元定陞國學生孫光明庠生

胡定光礱源人爲人謹愿性嗜詩書屢試未售人咸惜之享年八十

劉斯兆行山人存心忠厚處世正直嘗延師以課猶子

名列膠庠

胡士湆祉上人正直居心忠厚傳家享年八十一邑令曹贈以海屋籌添子定綱從九職

劉廷衮施溪人初攻舉業屢試未售隱居林下吟弄風月四世一堂年八十七孫文瀚曾孫標均邑庠

謝大誥睦源人性謹樸持躬正直享年八十七嘉慶元年榮膺冠帶邑侯雷贈以盛世耆英子應元庠生

李瑜斜溪人爲人厚重訓子有方道光元年榮膺冠帶邑令曹人傑贈額天恩寵錫現年八十三

李斯嶽東溪人持躬端正閭黨推爲老成享年八十一

胡標新澤人剛方正直不喜浮囂嘉慶元年榮膺冠帶
邑侯雷鉉贈以碩德引年壽八十五
李式璉雙源人成家立業裕後光前享年八十一嘉慶
元年榮膺冠帶
黃日輝文宇人品端行正淸潔自守尤能排難解紛見
重鄉里享年九十有四眼見元孫子六家言家試並應俊秀家諭
家誨家詔家詳後先登入秩孫濟美邑附生學淮
道光元年恭遇恩榮學深學湖學灝同躋入秩
胡桂新澤人古貌古度不事雕琢正直性成忠厚天授
享年八十七
朱明敬雙源人居心長厚植品端方享年八十四

王廷美鷺溪人質古行端老成足式享年八十四

蕭榮裘治源人孝友剛方鄉里推重享年八十四邑侯雷贈額盛世耆英妻宋氏壽九十四子孫蕃衍繞膝稱慶

陳城石鎮人勤儉自持古樸可風現年八十一道光元年榮膺冠帶

胡扳魁田心人道光元年榮膺冠帶邑令曹贈以載咏岡陵匾額現年八十一

周仕鍾嘉慶元年榮膺冠帶年八十九

王增裕泰華人郡庠生在學五十餘年有志未逮現年

八十有四

曹伯虎郁嶺人厚重循謹淳樸無華現年八十八

張大晨羅田人公正和平然諾不欺同妻胡氏登大耋

教授徐秉霖贈健順德齊匾額享年八十七子步青

增生孫發均監生

李元珠享年八十三邑紳林有席贈以杖朝聯聃匾額

吳國樑現年八十二道光元年榮膺八品

譚家袞享年九十嘉慶元年榮膺九品

鍾日遇勤儉自持醕謹可風現年八十二道光元年榮

膺八品

黃士林現年八十三道光元年榮膺八品

張永亨享年八十二道光元年榮膺八品

黃汝舟現年八十二道光元年榮膺八品

黃家誨享年八十九嘉慶二年邑侯給盛世耆英額

宋紹信現年八十六道光元年榮膺八品

宋大楷現年八十一道光元年榮膺八品

夏侯廷億享年八十五道光元年榮應八品

張聯元享年八十六道光元年榮膺八品

張尚瑜年八十四道光元年榮膺八品

易魁元現年八十二道光元年榮膺八品

夏侯維盛享年九十學博周給有𢃄慶百齡匾額

袁浩元東田人年八十七嘉慶元年榮膺八品

趙文藻東關人生員現年八十趙朋元亦屆八旬道光

元年仝膺八品

嚴尚璦雅江人現年八十四道光元年榮膺冠帶

萬耀德輞岡村人享年八十三嘉慶元年榮膺冠帶妻

金氏享年九十三府憲田以舉案集慶匾賜之

張承宗松林巷人現年八十七學師曾給以丹崖銘石

匾額道光元年榮膺八品

李蕃聲現年八十七道光元年榮膺八品

羅允梅亨年八十五嘉慶元年邀給絹米

鍾邦湖現年八十四弟邦聞現年八十二道光元年仝
膺八品

袁嗣煥現年八十二道光元年榮膺八品

劉之達亨年八十三嘉慶丁巳榮膺八品妻李氏現年
九十

李仁鳳白茝人正直公平排難解紛道光元年榮膺冠
帶現年八十二子三

李正祿現年八十道光元年榮膺冠帶

李上寬現年八十五疊邀

恩賜道光元年榮膺冠帶

袁仕珖享年九十一道光元年王梅二學博贈額

國恩人瑞性情耿介存直道以正家風品行端方守清貧而訓孫子耄年手不釋卷訓子壽南教孫有龍

黃上亨嘉慶元年榮膺冠帶知縣雷載旌以熙朝人瑞

匾額年八十七

袁濬元車田人享年八十八道光元年榮膺冠帶

黃世奎現年八十一道光元年榮膺冠帶

梁志欽現年八十一道光元年榮膺冠帶

鍾秉龍現年八十六道光元年榮膺冠帶

黃之崑現年八十三道光元年榮膺冠帶

袁大彪現年八十九道光元年榮膺冠帶

夏侯珍現年九十二

黃茂峇現年八十一

吳茂德現年八十

袁世隆現年八十一

袁紹福享年八十三

鍾登魁現年八十四

鍾世贊現年八十一

黃廷侯現年八十一

鄒炳翰現年八十六

李廷柱現年九十四

敖運光例貢江溪人忠厚渾樸好善樂施四世一堂子夢麒國學孫學瑚例貢曾孫定庠郡庠壽八十九

黄自洛亭年八十四

黄體和現年八十三

鍾安麟現年八十二

夏天岸現年九十

鄭國球亭年九十一

蕭曰瑾現年八十七

蕭廷義現年八十三

湯廷班現年八十四

郭炳仁享年八十八

張申曦現年八十一

郭定茂享年八十一

蕭廷貴現年八十一

程文鸞現年八十一

戴兆元現年八十九

張申坑現年八十三

袁聯芳現年八十六

蕭廷槐現年八十二

袁樑現年八十六

袁欽現年八十六

李玉章現年八十四

孔國清現年八十三

戴懋貴現年八十三

譚家佐享年八十三

任天賡享年八十二

袁廣材享年八十二

譚在中享年八十一

袁廷璋現年八十一

夏廷恩享年八十六

夏侯文渭享年八十一妻戴氏年九十二

陳宗定享年八十三妻夏氏年八十二

王廷魁享年八十一妻張氏年九十

郭永文現年八十

鍾曰壅現年八十

郭坊雲現年八十二

康作楓享年九十六

戴以仁享年九十二

彭日精現年八十五

彭文曙現年九十一

李兆昇現年八十四

李曰環現年八十三

李海波現年八十四

歐陽上樸現年八十五

歐陽嶙現年八十五

周畦年八十一

宋德芳現年八十二

彭源富享年八十三

吳曰暹萬溪人性孝友醕樸少習舉業工書畫前名人筆意摹倣逼眞晚主族政增置祭田以禮法誡子弟

鄉鄰有事排難解紛人咸服其公子入延師課讀不
吝贄紋邑廩生綬臺俱邑增生孫二十餘人元修邑
附生家龍貞修俱郡附生曾孫十餘人現年九十盛
德之報尚未艾云

歐陽時號學巖邑增生防里人性剛直排難解紛人多
愧服修理十派六宗兩祖先塋兆極其瘁終於有成
讀書勤苦六經註疏提要鈎元手編蠅頭細字若干
卷垂老弗衰三薦棘闈不遇年八十四卒子四成邑
庠生

張樑村西關人勤儉自勵好行方便道光二十六年榮

膺冠帶妻謝氏鴻案相莊子五伯興邑庠生孫枝蕃衍享年九十三卒

李魚佳雙源人素性孝友凡義舉輒解囊主族政二十餘年人無間言曾登山遇虎虎竟嗚兩目眈眈伏不動其德有以感物如此壽登九秩邑侯具文申詳學師王　贈耄年衍慶匾額嚴公升偉祝以序子三長國學次邑庠孫曾林立眼見四世享年九十有三

李曰豪雙源人鄉飲賓公平正直曾倡修家祠弟曰招姪道南擇師課讀俱列黌序享年八十有二子四長錫蕃邑庠後裔昌熾道光二十一年兩學師額以賓

延洛社

劉炳煥塢溪人秉性淳樸素行孝弟子七訓以義方俱克家創業光前延師課孫現年八十有五道光二十五年榮膺九品冠帶

一彭定材下田人力學未售例授登仕郎性耿介敦孝友邑侯雷載額以天衢儲望孫曾蕃衍眼見四世享年八十有五

一張辰桃源人幼攻舉業未售援例入成均性孝友仲兄邑庠名星夫婦早亡撫遺孤如己出祠宇傾圮獨力倡建以妥先靈歲歉屢乞糴賑濟戚族鄉有急難多

方拼解並解囊不吝年七十學使曹公麗笙額贈齒
德並尊壽八十邑教諭曾小山爲之序子四長夢芹
從九三夢蘭邑增生孫十
監生鍾文治並妻黃氏夫婦八十雙壽道光九年兩學
師黃華齡梅照壁以生平行端方氏德性貞淑詳報
學憲吳孝銘奬以介眉純祜匾額子有悟國學孫學
仁觀華俱邑庠
郭　羣雙溪人邑庠生性穎悟工詩文精通儒先諸書
以硯田爲業出其門者多列膠庠享年八十二子六
後裔蕃昌

郭章賜雙溪人幼失恃長失怙勤耕苦力家隆隆起晚年主族政有杖朝碩叟之頒享年八十有三子三孫十人

郭章觀雙溪人性渾樸謹言行和睦鄉鄰繼其後者孫支蕃衍道光元年榮膺九品冠帶享年八十二

鄧亨錦現年八十五道光二十六年榮膺九品冠帶

彭大懋漳源人性厚重尚勤儉古道照人現年九十四歲道光二十六年榮膺八品冠帶

康祖閔花園人性醇謹言笑不苟居房長時訓後以忠厚傳家現年九十二

康祖乾花園人持身勤儉和衷渾厚撫姪爲嗣義方是訓現年八十有三

康之戣花園人金渾玉樸不事鉛華好善若渴待師極忠且敬後賢鵲起鄉鄰稱之現年八十有三

袁朝枚路口人年屆九十四歲慷慨好義任廣東海豐縣丞宜陽袁臨志贈南極星輝額其祠子山崗捐銀千餘修路自昌山至彬江二十里行者得履亨衢遐邇皆稱一鄉善士子孫蕃衍方未艾焉

袁尚熹禮堂人賦性質樸持身正直晚年逍遙林下有古逸民風現年八十有五

張受業桃源人應童試屢列前茅逾壯家貧不及卒業

爰精岐黃遷居郡城數十年懷清履潔本府鄭公鵬

程嘉其品以夫婦八十雙壽額贈採芝偕隱子四魁

庠邑庠生魁韶大學生孫六

潘希凰字高岡坊廂人居新社早歲讀書未遇爲人質

樸醕謹輕財好施鄉里均稱善士年八十四歲奉

覃恩授登仕郎

林大倜白水人一生勤儉篤實現年九十有三尚能耕

種如常

歐陽安字人偉防里人讀書不求聞達卯酒三杯偃息

一晌許起而遊憩山林邂逅鄉耆話農桑傍晚與子若孫夕膳畢拾松枝烹苦茗徙倚柴門而月映前溪矣現年八十有二

歐陽繁字昆田爲人秉正好讀書幼應童子試輒冠其曹終於弗遇以道光二十六年授登仕郎子孫繁衍年八十有二

劉文燦老山人持己節儉處世忠厚道光二十六年榮膺九品冠帶子四孫曾林立年八十有三

李曰同號石園雙源人鄉飲大賓改建房祠豎造居室享年八十一歲子錫管庠生

李大祥號發崖雙源人鄉飲大賓空拳創業皓首成名
享年八十有四子三樹琥國學
袁裕源紐村人性和平心公直義正言婉人每樂親訓
子課詩書力田占晴雨咸謂之羲皇上人子六三人
瑞邑庠年八旬
恩榮登仕郎
彭定歡國學生下田人勤儉起家義方訓子憐貧窮而
樂善不倦七十舉飲賓儒學梅 額贈望重膠庠與
妻嚴氏同登入秩儒學萬經復額贈鴻孟聯輝子大
璘邑庠孫士明國學眼見四世夫婦俱享年八十一

袁自華慕足人賦性正直不苟取與孝友兄弟人無閒
言道光二十四年榮膺冠帶享年八十三

陳興貴花木前人勤儉持身忠厚傳家道光元年榮膺
九品冠帶

邑庠黃之桂字明方號一山居邑南新社性曠達不喜
時文愛山水精青烏術遇名勝攀蘿捫石必陟其巔
家無宿儲淡如也晚景好與兒童謔修髯尺許如漆
雪或揶揄之無怍色年八十五無疾坐逝

劉子興鈐嶺背人性醇謹篤學能文引誘後學孜孜弗
倦年八十有六子孫繁衍道光二十六年榮膺冠帶

歐陽上棟字國柱防里人性温和謹慎無執無傲邃廬詩書泥塗軒冕岐黃之經桐君之紀及近今俞氏醫按靡不深究其旨其待異母兄敬而愍其撫再從兄之子南池愛逾所生見其中鄉闈裕家食乃殊爨焉年八十有三而卒子三鴒嘉慶戊辰舉人分發山西知縣

歐陽上烈字愛推防里人性淡素喜讀書雅好談詩篇什甚富大抵皆勉人爲善之語有再從姪南池鵬依以爲生養之教之見其獲雋秋闈復以屋數楹畀之卒自立室家焉年九十八卒子二長子鵷國學生

歐陽遠防里人勤於稼穡性區爾盱家有漢陰丈人風或曰子劬甚何樂答曰吾勞吾形吾自養吾眞佇看插秧而來行行隊隊遙聞吹笛而過兩兩三三何樂如之年八十二卒

歐陽廷防里人有田數十畝力耕而食或偃臥松陰鼻息齁齁與草蟲相和蹴之醒大笑而起有識者見之嘆曰此何人其天至矣必壽年八十二卒

歐陽上緒防里人幼習舉子業長弗克售遂息心進取假別業以棲身性溫厚恬雅老耄時秀溢芝之顏體軀輕便望若四五十歲者然子孫林立道光二十六年

以八旬邀

恩現年八十三歲

歐陽燃防里人性渾厚不事雕琢尤友於其兄撫兒無間㓜商楚致富爲兄立後將所置田產兩析之嘗以課子孫爲心垂老不衰享年八十

歐陽忭字德成防里人性方正寡言笑家貧棄學遠客川楚習程卓之術衣食小康及歸不與外事春秋俱

獻祖先率子弟必誠必恪年八十有一

監生李珠盛字顯德居身質樸存心忠厚家貧事親克孝偕弟亮盛勤且儉歲有羨餘廣置膏腴而行多慷

慨喜與讀書人居遊延師課子姪有成享年八十七

李亮盛珠盛同懷弟性謹厚言笑不苟以勤耕佐兄起家友恭晏如享年八十有三道光二十六年恭遇恩榮子三長同次秉忠俱國學三維傑孫定元同科遊頖

張茂對北溪人　恩貢元瑾四子秉性純良傳家忠厚幼應童試屢拔前茅惜數奇不遇身居族長置祭田帮試資捐穀拯饑義舉種種鄉鄰德之嘉慶元年榮膺八品冠帶

歐陽縉水川人邑庠生為人謹身寡過篤實君子也家傳岐黃心存利濟求醫者戶外屨常滿活人無算富

不受謝貧兼贈丸藥遠近咸感其德晚年主族政家
規肅然子四次煥邑附生孫曾繞膝妻夏侯氏相夫
無違白首偕老同享年八十
夏汝珍車田人性愿謹由勤儉居積致富七旬偕妻厲
氏同壽學師萬公經鄧公克贈以玉案齊輝匾額
道光二十六年恭遇　恩榮享年八十有五子四長
其伯次其仲四其季皆國學生孫濤邑庠生
監生袁嗣席號儒爲山田人爲人渾厚公平正直性英
敏嗜學能文童試少屈入成均志圖遠大又不遇父
逝母老昆季五分居伯摒擋家政奉母命析產業僉

仲弟性揮霍家稍落另酌撥田若干俾助之友愛人無間言課子若孫擇師授徒不惜費益生平愛讀書如命云子二業儒孫思敬邑增餘俱業儒享年八十有一　昭萍廣東高廉道張堉春贈東膠碩彥匾額

儒童鄧聯元爲人公平治家勤儉涉世與人無爭子孫各一人咸賢之以道光二十六年榮膺冠帶現年八十有二

鍾日瑚浪溪人生平渾厚貧苦力田勤儉課子倡修橋路道光元年授登仕郎學師王欽贈名榮杖國年八十子惟學孫八長有章邑附生

袁文杰字拔羣號豫齋慕塘人樸實醇謹不羨繁華治家克勤克儉忠厚待人是以置産業創屋宇日臻富裕因援例授儒林郎州同貤贈二代螽斯蕃衍四世一堂迄今入成均者有人採芹香者有人現年八十有四洵稱福壽

胡攀材字帝選田心人淳樸謹厚娛情田園有隱君子風年踰八旬江西鹽法道裘公世璘贈以東海釣倫孫曾繞膝訓以義方年八十四而卒

胡學愚字懿尙號靜山田心人性敦樸清靜與輞江萬上遴為中表情好甚篤時輞江寓居章門招至客邸

見官長賓朋胥接煩擾遂辭歸隱屏教授高弟多出其門生平謹小慎微規行矩步鄉鄰無少長咸慕效而敬禮之道光元年授登仕郎年踰八旬子若孫環侍其側無疾而終

胡光國田心人年八十一歲性渾噩識大義家雖貧事親甘旨無缺有磽田二畝盡供兄光家日用已惟破屋數椽而已光家年八十有三病故國哀痛廢食踰月亦卒

謝必俊字廷鑲號闢門坳溪人幼習舉子業屢試不遇遂援例入成均爲人渾噩忠厚與物無忤頗有師德

之度量至總理一族眾務舉而措之裕如也里黨推重凡知名者皆仰慕而禮敬之延師課讀用費弗惜撫姪定鵬承祧頁才早逝媳胡氏守節待
旌孫錫蕃業儒曾孫二年八十一而歿

蔡秉璉賦性愿謹居身質樸主家政內外嚴肅道光二十六年遇　恩子三孫曾林立現年八十有一

黃洪鑾爲人愿謹居身樸儉嘉慶元年遇　恩年八十二

黃洪周素性戇直接物和易道光元年遇　恩年八十有奇

黃開璧勤儉居家忠厚處世道光二十六年遇　恩現年八十有四

袁嗣賡字颺言山田人古貌古度不雕不琢持躬勤儉處衆温和迄今孫曾繞膝後嗣蕃昌享年八十有八

朱之樑厚重持身和平處世子二孫一道光二十六年遇　恩現年八十三

職員袁鳴銓字拔萃號聖齋爲人剛直孝友無間延師課讀忠且敬鄉里有事勸散不惜解囊至行義舉略無德色如江斜渡船至今共歌利涉悉賴其力生子二宗雄邑庠年八十

邑增生趙至瑢城內人性穎悟博通經史凡名物象數人所罕見聞者舉前史証之遇人有爭端排解立釋壯年失偶五十餘年不再娶撫姪如子皆成立壽屆八旬子鍾祥優廩生屢薦未售膺貢在卽

袁錫緒禮堂人性穎敏讀書略觀大意每屬文操筆立就自學使李煌逾格拔擢未到取而復遺遂高尚其志有囂囂自得之概現年八十

歐陽栢字愼行防里人性剛而直鄉里有忿爭勸釋無不傾服掌祠事必誠必愨享年八十一

登仕郎張茂先北溪人生平忠厚存心恬淡持己事上

接下孝慈克盡爲族長以禮法訓後人無不欽仰子

一起淵邑諸生孫曾成行壽八旬有一

夏鼎濤車田人持身正直處世和平督世業以治家勵

勤修以訓子七旬兩學師贈以匾額道光元年邀

恩贈登仕郎二十六年晉贈修職郎享年百歲學師夏

贈以椿齡表瑞匾額子四孫六曾孫五後裔蕃昌

彭埭東岸人性渾穆愨直篤孝友身居族長諄諄然

以禮法勗子姪族人皆畏敬之道光二十五年榮膺

冠帶現年八十有四

宋世旺邑南鳳林人秉性渟樸勤儉持家隆師課子現

年八十有二子之望邑附生

胡世應新祉人立品端方處事公正鄰里鄉黨毫無閒言道光二十六年榮膺八品現年八十二

歐陽夾防里人渾厚誠篤主家政嘗以孝弟力田為子弟誨族人咸欽服之現年八十

歐陽韶和防里人體格魁梧襟懷灑落嘗遊湖湘間積有餘貲為諸姪成家己身不娶現年八十一

嚴開復介橋人秉性骨鯁持身正直事上接下秩然有倫嘉慶元年榮膺冠帶享年八十四

嚴宗阮介橋人渾噩樸實醇謹老成忠厚傳家正直處

世享年八旬有二

歐陽立仁防里人性節儉渾厚汶邑庠生懷先婦卒仁力耕奉母母壽終遠適四川粵省歸生一子業儒現年八十

歐陽立武防里人性質樸自食其力少年喪偶不再娶以色挑之泊如也現年八十三

康受祿號宜齋嚴溪人年八十有四渾噩樸誠隱於躬耕勤儉居積致富雅好讀書人厚禮名師課後輩近鄉修金蓮廢寺暎秀石橋各捐三百餘金捐建家廟費二千餘金生平慷慨類如此孫誥邑庠生嘗從邑

學師梅閬齋游稔悉其行誼屢舉鄉飲賓辭不就殆有古隱君子風云

附生張以德鈐南北溪人幼失怙事母至孝年十二主家政二十入郡庠長子元琦負才早逝次子元璡雍正乙卯科　恩貢孫茂官邑增生曾孫志健郡附生起嵩國學生元孫廷獻邑附生身居族長與族弟增生彬倡建書閣以勵後人聚首講學族黨德之眼見五世同堂壽至八旬而歿

監生潘日璠字美光性厚重寡言笑早歲善病因棄舉業操計然術遂致少有嘉慶二十四年倡修族譜族

有強暴者設計陷害之眾怒將質之官播泣勸曰修譜原以睦族訟則忤莫甚焉吾死不敢從乃罷人皆服其雅量舉道光二十二年鄉飲介賓年九十一歲坐瞑逝子二長起艮國學次起吉吏員

宋白晃字俊彩坊廂人秉性質樸不事雕琢自幼傭工膳親孝無間言兄弟五人怡怡相得綽有吹壎吹篪景象居恆力勤耕作家隆隆日起雅能別具慷慨救困濟急毫無吝色人多德之七十時同邑孝廉袁康侯贈額杖國華齡及入秩邑侯楊樾圃復以渭水耆英旌其廬道光二十六年與四兄日晃並邀

皇恩榮膺九品冠帶孫際儒國學生迄今孫又生子四世一堂現年八十有六

袁從詰禮堂人郡庠生倘慥仲子質性端愨恪守庭訓湻謹老成取與不苟現年八十

鍾天廷盤溪人秉性剛方行事公正創業光前延師訓後排難解紛人多愧服道光二十六年榮膺九品冠帶妻張氏温柔貞靜克修婦職夫婦現年八十三歲子孫繁衍人咸羨其餘慶

李貽清字錫春横江人忠信誠愨樂善不倦延師課嗣東修不惜壽踰八旬後裔蕃衍仲孫夢白屢試冠軍

例授登仕郎劉廷萬號選亭享年八十二歲邑西江斜上市人性孝友質渾樸勤儉起家好義通財鄉有募者助之貧者寬之合邑鈐陽書院不惜重貲捐輸至隆師課子當日尤膾炙人口以故迄用有成長子世寬邑庠生次子世容郡庠生

歐陽上錄性純謹力事耕作鑄冠弁服蕭然自適遇文士輒喜談古人事嘗言曰吾儕幸生居昇平桑麻日月何異蓬島春秋得免饑寒已足此外復何求哉鄉里皆稱擊壤老人現年八十一歲子二亦綽有父風

淄日升原名日陞字茂才坊廂人居邑北西頭讀書頗

明大義童試屢拔前茅惜數奇艱於遇乾隆五十六年學使趙鹿泉已取其文入彀因題字偶錯被黜憤極遂致重聽嗣後絶意功名不復就試日以詩酒自娛道光六年卒

覃恩授登仕郎二十六年晉授修職郎現年九十三猶善飯逢人每作呵呵聲

朱天忍西廂人居小北門性慈和待人猶己善調攝童顏鶴髮精神如舊現年八十歲猶行及奔馬

蕭復祖幼業儒數奇不偶年晉古稀皤然一翁猶應童子試晚年教授鄉里不拘束修士林咸以長者稱之

現年八十有三
晏經權號平甫為人溫厚和平家頗裕自奉常儉而周貧恤乏濟人之急居家敦倫睦族捐資置祭田道光元年榮膺冠帶壽居九旬督學許贈以眉壽延慶匾額踰年而終配林氏同庚亦賢淑有聲八十七歲卒眼見四世孫成名邑附生
鍾音燕字綏亭石塘人愿謹篤實由勤儉居積致富嘉延師課後嗣享年八十嘉慶元年榮膺冠帶四子光亨國學生
鍾文斗大隴人儉約居身殷勤訓子享壽八旬有一道

光元年榮膺冠帶

鍾廷蘇大隴人忠厚傳家詩書啟後現年八十有二子三長祖祥邑文學

郭大用沔村人性樸誠勤儉起家好行善事道光丁酉曾捐王頭嶺田三十畝增廓鈐陽書院膏火又於沔村江獨建石橋以便行人所費不下千金長子維嵩國學生次子維盛例貢生孫曾繁衍享年八十有二

歐陽迎秉性湻謹敦友愛同懷五人長枕布被門內之治肅如也時迎壯年失妻不再娶惟撫其諸姪成室愛若己出鄉里稱卓行焉其先世有節孝先生者為

司馬文正公高弟以元祐黨人見錮歸然碩德實寵享富春嚴子陵廟事詳毛西河集今迎祖徙居江下坑邊已歷多世聚族而居而少長秩秩有禮林泉風趣居然節孝家法云現年八十有一

劉輝盛年八十六歲江溪當壟坑人素性孝友不事雕琢善承父母歡父母俱年高服勞奉養終其身罔倦斁尤能克盡友于兄弟五人輝盛居長分析生產概以肥美讓與四弟手足情重怡怡如也妻賀氏克盡內政凡輝盛所爲氏多贊成族鄰無不稱賢夫婦齊眉偕老四世一堂八咸謂厚德宜昌云子四長上芬

饒有父風生平仗義疎財隆師課子其懿行種種又爲鄉閭所矜式年亦八十二歲子孫林立均食其德次上芳業儒三上蘭鄉飲四上蕙從九

業儒劉上芳江浮當礱坑人天性渾厚古道照人父母兄弟克盡孝友數十年如一日至好義通財尊師重道尤徵德量恢宏族鄰交口稱善士道光二十六年榮膺冠帶鄉紳張公海蓮贈有玉杖承恩匾額妻李氏確守女箴勤襄家政夫婦齊眉壽皆八十四歲迄今孫曾繞膝人咸謂祥和之氣蒸爲瑞徵云

劉輝旦江下當溪人品行端方閭里稱賢享年八十三

歲道光元年榮膺冠帶邑侯曹贈額德膺國寵

上舍黃洪壽號樂山洞村浛塘人附監生學良仲子郡文學履泰同懷弟幼承庭訓敦孝友長益勵於學旋蜚聲藝苑淑配曹氏生子三而玉弦中斷時年方壯家頗裕不再續惟以慷慨好義詩書課後故子姓多俊秀茂才守惠秩孫也均受其益年踰大耋以壽終

袁清槐西嶺人金渾玉樸古貌古心偕妻黃氏淑慎柔嘉相敬如賓有古冀缺風現年同躋八旬有七道光十六年二十六年兩遇 恩榮會憲受恬賞給大耋齊眉匾額子增瑞孫枝林立

嚴思勇介橋人敦本務農克盡孝友現年九十有七

邱華廷禮冠人持己勤儉接人坦爽醕謹渾噩有懷葛風現年八十有三子七孫曾林立

袁嗣璵字魯珍山田人性和易處事接物有不羈才如本圖賭差諸務多賴維持鄉鄰排難解紛咸服其公主族政訓孝弟力田爲本交重然諾輕才好義足徵生平現年八十一子二孫七曾孫二四世一堂

詹會行羅家邊人質直渾樸勤儉謹愼古貌古心人推長者現年八十有三道光二十六年恭遇　恩榮子三孫二

湯光裕岐嶺下人性愿謹旦耕鑿勤劬至老不倦道光二十六年恭遇 恩榮享年八十有四卒

郭炳允鄉飲賓持身渾樸治家勤儉鄉里有事排解立釋不愧善士迄今子孫繁衍享年八秩有二

監生李蘭盛字文德爲人坦夷胸無城府以勤儉居積起家遇里鄰有事竭力解釋每墊金不惜尤喜課後嗣以詩書現年八十有二長子炳宗貢生次子榮陞由府案入邑庠孫俱俊秀

嚴維盛七都四甲北村人居心謹厚接物和平現年八十有三猶勤劬不懈後嗣俱克自成立

晏必陞勤儉自持醇謹可風現年踰大耋康健如常有子克家孫曾林立

一產數男

嘉慶二年羅大城之妻藍氏一舉三男

補遺

五世同堂

曾榮字步雲號耀亭院溪人賦性淳謹品行端方長於文并精岐黃術遠近咸欽仰之嘉慶丙辰歲試補弟子員道光己丑八旬吉水選貢郭公德標贈以大椿協瑞匾額眼見五世享年八十有七子爲鳳國學生孫三曾孫六元孫三 以上舊志

壽徵

邑庠生郭拔羣雙溪人性穎悟工詩書精通儒先諸書

享年八十三歲子思芹邑庠生元孫炳垚郡增生受

益邑庠生

優附生張青萬泗水人處事持大體邑中公事如修

聖宮建考棚起賓興會與有力焉邑侯黃贈額壽以其仁

並跋以秉心公亮篤行純備年臻八十有四子八長

楷季煇文俱監生孫增朝嘉辰曾孫秉謙俱庠生

附貢袁際肇號勉齋車田人長身修髯樂行善事倡建

昌峽浮橋并考棚及賓興會邑南秀溪臺爲明黃忠

懿讀書處亦捐貲修葺嘗受業於宗選貢易堂爲梓
其集行世享年八十有七配張氏享年八十有六子
定仁國學邦獻邑附孫旭邑附洪濤邑增　例贈修
職郎瑞庭祥庭職員曾孫士彦副貢元孫鳳翔州同
超然國學
職員歐陽祜防里人自號守愚純厚可風現年八十歲
子三長賢軍功七品季勛國學生孫三
增生張　陵泗水人號毅庵舉鄉飲介賓享年九十二
歲子光偉國學生孫應椿邑庠生咸豐十一年髮逆
復來寇竄鄉擄殺家人偕同逃避陵執意不往自言

生平無愧行必不遭毒手坐守書室匪至無所見人咸謂厚德之所致云

郭永保金山坑人子一春國學生孫五芳琛從九芳現國學曾孫十二元孫六五世同堂享年八十九歲邑侯賓詳請

旌表奉

旨賞賜匾額緞匹銀兩

武生胡堂南坑人公平正直厚重簡默享年九十歲咸豐元年

恩賜冠帶

鍾聯翊觀光人公平正直享年九十二歲萍邑邑侯俞
贈以珍從錫福匾額
張伯璜簡田人妻袁氏夫婦齊眉現年八十七歲五世
同堂
巡司習世祿享壽八旬三繼室鍾氏現年九十子祥雯
邑附生孫曾森立
州司馬袁維翰禮教坊人現年八十一歲長子瑞泉附
貢生次子瑞嘉辛酉拔貢
恩副貢胡增文享年九十一歲配張氏年八十二歲五世
同堂

郡增生林光綬學問深厚人品端方遊其門者多所裁
成享年八十有七
誥封奉直大夫監生袁家傑埔頭人妻黃氏一誥封宜人
同晉八十
邑附生李兆楷檀溪人端品篤學崇實黜華享年八十
有三
邑附生李兆梓學養深邃生平多義舉鄉人稱之享年
八十有四
大學生林上伸少好學爲人謹信言笑不苟尤精岐黃
現年八十五歲四世一堂子光霽邑庠生

國學朱錫顯現年八十五歲子五汝明汝階汝陸俱國
學汝光進光俱邑庠

貤封登仕佐郎鄉飲大賓鍾師嚴享年八十二歲妻李氏

貤封孺人現年八十歲

議敘從九張增鵬泗水人四世一堂享年八十四歲子

錫禹附貢生

鄉飲介賓監生夏侯文豫享年八十歲子潮邑庠生孫

霖國學

邑附生張兆建享年八十二歲子人初孫爲元俱廪生

恩賜九品朱若縉享年八十九歲妻楊氏享年八十六歲

周大器享年九十一歲邑侯[illegible]咸豐元年

恩賜九品

周大科享年九十歲咸豐十年

恩賜九品

彭家庶享年九十七歲咸豐元年

恩賜九品

張魁選享年九十五歲

張　瑱長富人享年九十五歲道光元年

恩賜九品

彭雁行漳源人現年九十一歲

彭　鈞東岸人享年九十二歲

彭　壕東岸人享年九十一歲

彭　釗東岸人享年九十歲

李曰昭享年九十一歲咸豐元年

恩賜九品

李大丹享年九十歲咸豐元年

恩賜九品

李作藻享年九十歲咸豐元年

恩賜九品

朱璿光享年九十六歲

朱美順享年九十七歲

鍾雷三享年九十四歲

監生鍾世安石塘人現年九十一歲

鍾兆榦山泗人享年九十三歲咸豐元年

恩賜九品

鍾起會享年九十一歲咸豐元年

恩賜九品

從九劉廷銓江斜人享年九十二歲

張申譽享年九十一歲

職員李邦雲陂田人爲人忠厚享年九十一歲

袁祖廷禮教坊人享年九十歲咸豐元年

恩賜九品

職員李良楷田心人現年九十歲

歐陽廷貴爲人正直享年八十三歲

鄉飲朱秉瑄享年八十一歲

朱佩莒享年八十三歲咸豐元年

恩賜九品

朱佩莘現年八十歲

鄉飲盧紹鳳崑腔嶺人妻黃氏同登八十

恩賜八品黃汝章享年九十四歲

恩賜九品黃其圭享年八十二歲

鄉飲黃其麟享年九十三歲

恩賜八品黃其怡享年九十一歲

恩賜九品朱希灝享年八十三歲

習暉四現年八十六歲

習家祿現年八十五歲

登仕佐郎鍾家材享年八十二歲

登仕佐郎鍾榮崑享年八十二歲

鍾芳棣享年八十歲

鍾家綸現年八十二歲

鍾立性享年八十二歲

登仕佐郎張維暄享年八十八歲

登仕佐郎張尙鵬享年八十二歲

登仕佐郎張尙鋑享年八十六歲

邑庠鍾師愬享年八十二歲

耆民鍾成勷現年八十二歲

易大順水川人享年八十四歲

邑廩黃其曾享年八十二歲

邑庠黃大獻樓霞人現年八十六歲

飲賓袁錫祚現年八十六歲

登仕佐郎吳必行享年八十四歲

胡學蓮田心人享年八十二歲

胡廷彦田心人享年八十五歲

恩賜冠帶胡廷謨南坑人現年九十歲

恩賜冠帶胡掄珸埈溪人享年八十三歲

恩賜登仕佐郎鍾文利現年八十九歲

職員袁維宸禮教坊人現年八十二歲

袁煜茵禮教坊人現年八十二歲

袁如璟禮教坊人現年八十三歲

登仕佐郎習家傳妻鍾氏同肯八十歲

習瀛六現年八十五歲

鍾立霞現年八十四歲妻黃氏現年八十二歲

鍾家蔚現年八十歲

飲賓胡開緣現年八十一歲

胡定梅現年八十七歲

鍾起嘗享年八十四歲

登仕佐郎黃一鴻現年八十五歲

登仕佐郎鍾芳蓮享年八十三歲

邑庠生黃元吉妻鍾氏同享年八十一歲

鄉飲介賓袁尚琛現年九十歲

恩賜登仕郎吳必緒邑南坊上人年八十二歲

吳文琢坊上人八十四歲

邑庠鍾掄珂享年九十三歲

袁山玉年八旬邑進士楊日鯤贈以杖國耆英匾額

林光怡爲人誠實現年八十五歲

林光祥現年八十四歲

林光文現年八十三歲

林家元現年八十四歲

劉禮和享年八十一歲

國學劉上徹享年八十歲

登仕郎袁大學享年八十四歲
邑庠生鍾 珂享年九十二歲
恩賜登仕郎鍾鳴金現年八十九歲
林灼六現年八十六歲
高日陽與妻 氏同登九十二歲
附貢潘元德享年八十一歲妻李氏享年八十二歲三
子澤霖邑附生四世一堂